因为内心强大，所以无所畏惧

# 世界如此复杂

# 你要内心强大

乔洁 ／编著

图书在版编目（CIP）数据

世界如此复杂 你要内心强大 / 乔洁编著. —— 长春：
吉林出版集团股份有限公司，2019.4

ISBN 978-7-5581-2493-8

Ⅰ.①世… Ⅱ.①乔… Ⅲ.①成功心理－通俗读物
Ⅳ.① B848.4-49

中国版本图书馆 CIP 数据核字（2019）第 064846 号

SHIJIE RUCI FUZA NI YAO NEIXIN QIANGDA
世界如此复杂 你要内心强大

编 著：乔 洁
出版策划：孙 昶
责任编辑：于媛媛
装帧设计：韩立强
封面供图：摄图网
出 版：吉林出版集团股份有限公司
 （长春市福祉大路 5788 号，邮政编码：130118）
发 行：吉林出版集团译文图书经营有限公司
 （http://shop34896900.taobao.com）
电 话：总编办 0431-81629909 营销部 0431-81629880 / 81629900
印 刷：天津海德伟业印务有限公司
开 本：880mm × 1230mm 1 /32
印 张：6
字 数：130 千字
版 次：2019 年 4 月第 1 版
印 次：2021 年 5 月第 3 次印刷
书 号：ISBN 978-7-5581-2493-8
定 价：32.00 元

印装错误请与承印厂联系 电话：022-82638777

　　世界是复杂的，每个人的人生都要经历各种体验：亲情、爱情、友情；善与恶、真诚与虚伪、忠诚与背叛往往杂糅在一起。

　　在这复杂的世界里，又有两种截然不同的人。一种人缺乏自信，总是被环境所支配，也会被他人的评价所影响，经不起外界哪怕最微弱的质疑，不敢做真实的自己，总是活在别人的阴影里。这种人内心非常弱小，无法承受一点委屈，当被人误解时，就会感觉心里很受伤。他们往往最终会沦为失败者。另一种人恰恰相反，他们目光远大，心胸开阔；他们敢于坚持自己内心的想法，胜不骄败不馁，更不轻易为别人所动。这种人内心十分强大，可以战胜一切恐惧与悲观，谁都无法真正伤到他们，更无法打倒他们。这种人往往或早或迟会成为人群中的佼佼者、成功者。

　　内心强大的人，一边在挫折中受伤，一边学着坚强，然后微笑向前！我们每个人都希望自己成为这样的人，从而在社会交往中免受别人伤害。那么怎样才能内心强大呢？其实，一个拥有强大内心的人，并非总是强势的、咄咄逼人的，相反他可能是温柔的、乐观的、韧性的、不紧不慢的、沉着而淡定的。拥有强大内心的人，他们反而更温柔，更和蔼。内心强大是心中的安定与平静。强大，不是霸道，不是要将别人的所有占为己有，恰恰相反，内心的强大带给我们的是宽容和谦让。正是因为内心的安定与平静，我们才明白自己真正需要什么，才明白如何才能得到快乐。

真正的强者在于内心的强大。本书就是一本教你在复杂世界里如何变得内心强大的书。对当今社会中普遍存在的人们心理脆弱的现实进行了深入解剖，分析我们在各种社会关系中的心理状态。将心理学、社会学等常识融入现实生活，指出了塑造强大内心世界的方法，教会人们如何应对复杂多变的生活，唤醒内在的强大力量，控制情绪，发掘潜能，在复杂的世界修一颗强大的内心，收获卓越人生。

# 目录

第三章

## 武装你的心，消除内心不够强大的因素

第六章

# 战胜恐惧，谁都伤不了你

第九章

# 积蓄正能量，唤醒内心强大的力量

# 第一章

DI YI ZHANG

# 你的内心足够强大吗

## 内心足够强大，人生就会屹立不倒

在每个人的生命中，每一年都会发生各种各样的事情，或大喜或大悲，无论如何，这些事情就像我们生命中的坐标一样，它们或深或浅或明媚或黯淡的色调，构成了我们的人生画卷。

尽管在人生的岁月里，起伏不定常常带给人们不安全感。所以，人们常常抱怨磨难，抱怨那些让我们的生活变得艰苦的事情，抱怨那些让我们的内心承受煎熬的经历。可是，人们在抱怨的时候并没有想到，这些磨难就像烈火，我们只有经过锤炼，才能变得更加坚韧、更加刚强。

德国有一位名叫班纳德的人，在风风雨雨的 50 年间，他遭受了 200 多次磨难的洗礼，成为世界上最倒霉的人，但这些也使他成为世界上最坚强的人。

他出生后的第 14 个月，摔伤了后背；之后又从楼梯上掉下来，摔残了一只脚；再后来爬树时又摔伤了四肢；一次骑车时，忽然不知从何处刮来一阵大风，把他吹了个人仰车翻，膝盖又受了重伤；13 岁时掉进了下水道，差点窒息；一辆汽车失控，把他的头撞了一个大洞，血如泉涌；又有一辆垃圾车，倾倒垃圾时将他埋在了下面；还有一次他在理发屋中坐着，突然一辆飞驰的汽车驶了进来……

他一生遭遇无数灾祸，在最为晦气的一年中，竟遇到了17次意外。

令人惊奇的是，他至今仍旧健康地活着，心中充满着自信。他历经了200多次磨难的洗礼，还怕什么呢？

人生不可能一帆风顺，一旦困境出现，首先被摧毁的就是失去意志力和行动能力的温室花朵。经常接受磨炼的人才能创造出崭新的天地，这就是所谓的"置之死地而后生"。

"自古雄才多磨难，从来纨绔少伟男"，人们最出色的成绩往往是在挫折中做出的。我们要有一个辩证的挫折观，经常保持充足的信心和乐观的态度。挫折和磨难使我们变得聪明和成熟，正是不断从失败中汲取经验，我们才能获得最终的成功。我们要悦纳自己和他人，要能容忍不利的因素，学会自我宽慰，情绪乐观、满怀信心地去争取成功。

如果能在磨难中坚持下去，磨难就是人生不可多得的一笔财富。有人说，不要做在树林中安睡的鸟儿，要做在雷鸣般的瀑布边也能安睡的鸟儿，就是这个道理。磨难并不可怕，只要我们学会去适应，那么磨难带来的逆境，反而会让我们拥有进取的精神和百折不挠的毅力。

我们在埋怨自己生活多磨难的同时，不妨想想班纳德的人生经历，或许还有更多多灾多难的人们，与他们相比，我们的困难和挫折算得了什么呢？只要我们内心足够自信与强大，生命就能屹立不倒。

习惯抱怨生活太苦、运气太差的人，是不是也能说一句这样的豪言壮语："我已经经历了那么多的磨难，眼下的这一点痛又算得了什么？"

只要相信自己，就没有什么外在因素可以伤害或摧毁你，至于受老板的责骂、受客户的折磨、被别人批评之类的小事，你还会在乎吗？

## 内心强大能创造令人难以想象的奇迹

人生中永远都是困难重重，只有内心强大的人才能最终抵达成功的彼岸。

内心强大的人都会很顽强。"顽"是一种执着，一种坚定的信念，一种不达目的誓不罢休的决心和勇气，"强"是"顽"的效果表达，是我们生存和发展的必备条件。

只有顽强的人，才会对自己的行为动机和目的有清醒而深刻的认识。只有顽强的人，才能在复杂的情境中，冷静而迅速地做出判断，毫不迟疑地采取坚决的措施和行动。也只有顽强的人，在碰到挫折和失败的时候，会主动调节自己的消极情绪，控制自己的言行，不灰心、不丧气、不焦躁；面对成功和胜利，不骄傲、不自满。

在很多情况下，我们与成功无缘，并不是我们不聪明，而是缺乏顽强的意志。顽强的意志不但能帮助我们走出失败的阴影，更能帮助我们养成良好的习惯，实现人生的目标。顽强的"妙不可言"之处就在于它能激发人的潜能，促使人创造超乎自己想象的业绩。

海伦·凯勒的事迹正说明了这一点。海伦·凯勒看不见东西，听不到声音，但在她的一生中做了许多事情。她的成功给其他人带来了希望。

海伦·凯勒于1880年6月27日出生在美国亚拉巴马州北部的一个小镇上。在一岁半之前，海伦·凯勒和其他孩子一样，她很活泼，很早就会走路和说话了。但在19个月大的时候，她因为一次高烧而导致了失明及失聪。从此，她的世界充满了寂静和黑暗。

从那时起到7岁前，海伦只能用手比画进行交流。但是她学会在寂静黑暗的环境中怎样生活。她有着很强的渴望，她自己想做什么，谁也挡不住她。她越来越想和别人交流，用手简单地比画已经不够用了。她的内心深处有一种什么东西要爆发，因为她的举止已难以让人理解。当她母亲管束她时，她会哭叫闹喊。

在海伦6岁时，她父亲从波士顿的珀斯盲人研究院请来了一位女老师，名叫安妮·沙利文。海伦·凯勒就是在这位令她终身不忘的老师的指导下，在以后的日子里凭借着自己顽强的毅力，学会了手语，学会了说话，学会了多门外语，并在哈佛大学完成了自己的学业。但她认为，这些只不过是她许多成功的开始。

就在自己的老师去世后不久，海伦·凯勒跑遍美国大大小小的城市，周游世界，为残障人士到处奔走，全心全力为那些不幸的人服务，最终成为一位世界知名的残障教育家。

海伦·凯勒终生致力服务于残障人士，并写了很多的书，其中写于1993年的散文《假如给我三天光明》是最为著名的一篇。

命运虽然给予了海伦·凯勒许多的不幸，她却并不因此而屈服于命运。她凭借着自己顽强的毅力，奋勇抗争，最终冲破了人生的黑暗与孤寂，赢得了光明和欢笑。美国《时代周刊》如此评价，海伦·凯勒的成功让我们认识到顽强的意志对于一个残疾人的意义，那么，对于一个四肢健全的人，海伦·凯勒让我们感到汗颜。其实，很多人只比海伦·凯勒少了一种不屈不挠的骨气，一种持之以恒的耐力和一种顽强不屈的意志力。他们也恰恰不明白，人生中永远都是困难重重，只有具有顽强意志的人，才能成功！

# 自知者明，你认清自己了吗

古希腊智慧神庙的大门上，写着这样一句箴言："人啊，请认识你自己"。此理与中国的一句古训——人贵有自知之明，可谓异曲同工。有自知之明，就是能够正确地认识自己。而低调者恰恰具备这项品德，他们的可贵之处在于能够对自己做出客观的评价，对自己的长处、短处都有清楚的认知。刘邦在中国历史上是非常了不起的一位帝王，因出身平民，所以素有"布衣天子"之称。

秦朝末年，天下大乱，群雄逐鹿。与项羽相比，刘邦可谓毫无优势，但是最后却是他取得了天下。或许很多人会感到奇怪，但刘邦的成功并不是偶然的，他身上确实有许多的过人之处，最可贵的是他的自知之明。

夺得天下后，在一次宴请部下的聚会上，刘邦问众人："你们认为我是凭借什么打败了项羽而赢得天下的呢？"王陵站起来，说："项羽慢而侮人，陛下仁而爱人。然陛下使人攻城略地，所降下者因以予之，与天下同利也。项羽妒贤嫉能，有功者害之，贤者疑之，战胜而不予人功，得地而不予人利，此所以失天下也。"

刘邦笑答道："你这是只知其一，不知其二啊。运筹于帷幄之中，决胜于千里之外，我不如张良；镇国家，抚百姓，供应军需，不绝粮道，我不如萧何；百万之军，战必胜，攻必取，我不如韩信。这三个人，是人杰呀，我能用他们，这就是我所以能胜利的原因。项羽有一范增而不能用，这就是他为什么失败的关键。"知道自己哪里不如人家，这就是刘邦难得的自知之明；而项羽因为没有自知之明，所以只落得了自刎乌江的结局，甚至临死还在说"天亡我也"，不可谓不愚。

《老子》中有言："知人者智，自知者明。"说的是：能够正确地认识别人可以算得上有智慧的人，能够正确地认识自己可以算得上聪明能干了。然而，在现实生活中，经常发现这样的人：他们谈论起人生大道理来头头是道，可是做起事情来，却常常束手无策，力不从心；他们心中也有鸿鹄之志，可若真的给了他们施展的空间，却又表现得差强人意，令人失望；他们还常常妄自尊大，目中无人，故步自封，不思进取……而这些都只不过是在自欺欺人罢了，没有自知之明，他们很难有任何建树。

有人曾问过爱因斯坦这样一个问题："您在物理学方面的成就可谓是空前绝后了，何必还要孜孜不倦地学习呢？"爱因斯坦并没有立即回答这个人的问题，而是找来了笔和纸，在纸上画上一个大圆和一个小圆，然后对那位年轻人说："在目前情况下，在物理学这个领域里可能是我比你懂得略多一些。正如你所知的是这个小圆，我所知的是这个大圆，然而整个物理学知识就像这张白纸一样无边无际。"

处在什么位置上，就得在什么位置上寻找意义；不了解自己，就无法为人处世，就不知天高地厚，更不能从实际出发，有所进步。所以，无论何时，我们都应该有自知之明，摆正自己的位置。

美国的巴顿将军说过："有一种东西，比才能更罕见，更优美，更珍奇，那就是自知之明。"的确，做人就应该有自知之明，低调行事，懂得经营自己的长处，弥补自身的不足，这样可以使自己更早地实现自我价值。

## 每个人都有未知的可能性

　　成功学大师卡耐基曾说:"多数人都拥有自己不了解的能力和机会,都有可能做到未曾梦想的事情。"生活中,许多人都以为自己能力有限,但是只要尽力而为,往往能做出骄人的成绩。其实,每个人身上都隐藏着无穷无尽的潜能,只要在恰当的时机来引爆,他就能做出令自己都无法想象的事情来。小山真美子是一位年轻的妈妈,她身材矮小。一天,她在楼下晒衣服,忽然发现她4岁的儿子从8楼的家里掉了下来。见此情景,她飞奔过去,赶在孩子落地之前将孩子接在了怀里,俩人仅仅受了一点儿轻伤。这条消息在《读卖新闻》发布后,引起了日本盛田俱乐部的一位法籍田径教练布雷默的兴趣。因为根据报纸上刊出的示意图,他算了一下,从20米外的地方接住从二十五六米高处落下的物体,必须跑出约每秒9米以上的速度,而这不是普通人能及的短跑速度!

　　为此,布雷默专门找到小山真美子,问她那天是怎样跑得那么快的。"是对孩子的爱,"小山这样回答,"因为我不能看到他受到伤害!"小山的回答给了布雷默一个重要的启示:人的潜力其实是没有极限的，只要你拥有一个足够强烈的动机！

布雷默回到法国后，专门成立了一家"小山田径俱乐部"，把小山的故事作为激励运动员突破自我极限的动力。结果他手下的一位名叫沃勒的运动员在世界田径锦标赛上获得了800米比赛的冠军。当记者问他是怎样在强手如林的比赛中夺冠时，沃勒回答说："是小山真美子的故事。因为当我在跑道上飞跑时，我就想象我就是小山真美子，是去救我的孩子！"小山真美子能创造短跑奇迹，靠的是她刹那间迸发出来的巨大潜力。沃勒800米比赛夺魁，靠的是小山真美子救子的激励，从而引爆体内的潜能。

人的潜力是无穷的，有了刺激，才会往前跑、向上跳；有了机会，才知道自己的实力有发挥的空间。

生活中，很多人总是在想，这不可能的，我学历那么低，怎么敢应聘那家公司；我长得不够漂亮，他怎么会喜欢我；我表达能力不好，怎么敢在会议上发言；我五音不全，怎么好意思在大家面前唱歌……事实上，你虽然没有别人英俊潇洒，但你可能身强体壮；你虽然不会琴棋书画，但你可能思维敏捷，逻辑清晰……上帝不会给人全部，但他绝对不会亏待你，所以你一定要做自己的伯乐，发掘自己的潜能。

拿破仑·希尔曾经说过："抱着微小希望，只能产生微小的结果，这就是人生。"美好的人生始自你心里的想象，即你希望做什么事，成为什么人。在你心里的远方，应该稳定地放置一幅自己的画像，然后向前移动并与之吻合。如果你替自己画一幅失败的画像，那么，你必将远离胜利；相反，替自己画一幅获胜的画像，你与成功即可不期而遇。

生命蕴藏着巨大的潜能，这种潜能无法估量。对自己的生命拥有热爱之情，对自己的潜能抱着肯定的想法，这样，生命就会爆发出前所未有的能量，创造令人惊奇的成绩。

第二章

DI ER ZHANG

# 自我认同，内心强大的前提

## 一生必爱一个人——你自己

每个人都不可能完美无缺，只有从内心接受自己，喜欢自己，坦然地展示真实的自己，才能拥有成功快乐的人生。伟大的哲学家伏尔泰曾言："幸福，是上帝赐予那些心灵自由之人的人生大礼。"这句话足以点醒每一个追求幸福的人：要做幸福的人，你首先要当自己思想、行为的主人。换言之，你只有做自己，做完完全全的自己，你的幸福才会降临！这就是幸福的秘密。

我们都要知道，在这个世界上，你是自己最要好的朋友，你也可以成为自己最大的敌人。在悲喜两极之间的抉择中，你的心灵唯有根植于积极的乐土，你的自信才能在不偏不倚的自爱中获得对人对己的宽宏，达到明辨是非的准确。学会从内心善待自己，你会觉得阳光、鲜花、美景总是离你很近。你平和的心境是滋养自己的优良沃土。

爱自己首先要按自己喜欢的方式去生活。因为我们要想生活得幸福，必须懂得秉持自我，按自我的方式生活。如果你一味地遵循别人的价值观，想要取悦别人，最后你会发现"众口难调"。每个人的喜好都不一样，失去自我，便是自己人生痛苦的根源。

辛迪·克劳馥，作为一代名模，她也和许多名模一样，缺乏主见，也几乎和许多名模一样，差点儿沦为有钱人摆弄的花瓶。但她及时意识到了自己的个性弱点，主动调整自己的性格，展示出了自己的独特魅力，牢牢将命运掌握在自己手中。辛迪·克劳馥18岁就进入了大学的校门。大学里的辛迪，是一朵盛开在校园的鲜艳花朵，走到哪里，哪里就发出一阵惊呼。那个时候，她身材修长、亭亭玉立，再加上漂亮的脸蛋，匀称修长的腿，实在是美极了。当时，人们对她赞不绝口。的确，她的整体线条已经是那么的流畅，浑然天成；她的鼻子是那么的挺拔，配上深邃的目光，性感的嘴唇，以及丰满的乳房，浑圆的臀部，一切就像是天造地设似的。难怪，在同学当中，她是那么的引人注目。

在这期间，有一个摄影师发现了她，拍了她一些不同侧面的照片，然后挂在他自己的居室墙上。同时，她的照片刊在《住校女生群芳录》中，她的脸、她的相片、她的名字，第一次出现在刊物上。很快，她被推荐去了模特经纪公司。但是一开始，她就碰了壁。这家公司竟说她的形象还不够美。她感到伤心。而令她更感到伤心的是，那个经纪人认为她嘴边的那颗痣，必须去掉，如果不去掉，她就没有前途。但她不肯去掉。

成名之后，她回忆起这件事的时候说："小时候，我一点儿都不喜欢那颗黑痣，我的姐妹们都嘲笑它，而别的孩子总说我把巧克力留在嘴角了。那颗痣让我觉得自己和别人不一样。后来，我开始做模特儿，第一家经纪公司要我去掉那颗痣。但母亲对我说，你可以去掉它，但那样会留下疤痕。我听了母亲的话，把它留在脸上。现在，它反而成了我的商标。只有带着它到处走，我才是辛迪·克劳馥。其他人跑来对我说，她们过去讨厌自己脸上的小黑痣，但现在她们却认为那是美丽的。从这个意义上来说，这是件好事，因为人们变得乐于接受属于自己的一切，尽管他们过去并不一定喜欢。"辛迪·克劳馥的经历告诉我们，你才是你自己的中心，一个人无须刻意追求他人的认可，只要你保持自我本色，按自己的方式生活，生活中没有什么可以压倒你，你可以活得很快乐、很轻松。人应该爱自己的全部，那样你才会感到自身的魅力。一旦你看上去既美丽又自信，就会发现周围的人对你刮目相看了。正如美国歌坛天后麦当娜所说："我的个性很强，充满野心，而且很清楚自己想要什么。就算大家因此觉得我是个不好惹的女人，我也不在乎。"而事实上，并没有人因此而讨厌她，相反，人们更加着迷于她的优美歌声和独特个性。

## 别让坏情绪左右自己的行为

悲观和失望等消极的情绪常常会让人们失去正常的判断力。所以，一个人在沮丧难过的时候，一定不要马上着手做重要事情，特别是可能会对我们的生活产生深远影响的人生大事，因为沮丧会使你的决策陷入歧路。一个人在看不到希望时，仍能够保持乐观，仍能善用自己的理智，这是十分不容易的。

当一个人在事业上经历挫折的时候，身边的人会劝你放弃。此时，如果听从了他们的话，那么我们注定会失败，如果能够再坚持一下，摆脱悲观的情绪，也许我们就能成功。

许多年轻人，他们在工作遭遇困难的时候选择了放弃，换成了自己完全不熟悉的领域，可是这样面对的困难更大，如果还是没有信心，任由悲观失望的情绪控制，那么就注定了一事无成。

悲观的时候，智慧才是最有用的，它能够帮助你做出正确的抉择：当有人引诱你放弃自己的道路时，你能坚定自己的目标而不受外界的影响；当自己的心开始动摇的时候，能够宽慰自己，让自己冷静下来。杰克就是这样做的。

一直以来，当医生都是杰克最大的梦想，为此他考上了医学院，想要深造。刚开始学习的时候，他满心欢喜，完全沉浸在了幸福的氛围里。可是，好景不长，基础知识学完了，他们进入了解剖学和化学的课程。每天都要面对着不同的尸体，杰克感觉到恶心。以后的日子里，他每天走进实验室都心惊胆战，唯恐又见到什么让人想呕吐的景象。

恐惧的心情一直折磨着杰克。他开始怀疑自己的选择是错误的，自己并不适合医生的行业。思考了之后，他决定退学，选择一个更适合自己的职业。他把自己的决定告诉教授，教授说："再等等吧，你现在的决定并不能代表你的心声。等到你的决定忠于了你的心的时候，你再来找我。"

日子一天一天过去，开始的时候，杰克每天都在受着煎熬，时间长了，他习惯了实验室里消毒水的气味，熟悉了各种尸体的结构，也就不再对实验室感觉到畏惧了。四年后，杰克以优异的成绩毕业，他接受了一家大医院的聘请，成了那里最年轻的医生。

有一次，杰克回去看教授，他笑着对杰克说："还记得吗？你当年想放弃。""是的，教授，您阻止了我。"教授说："那时候你太悲观，还不能了解自己的心，所以我让你冷静下来。杰克，你记着，人在悲观失望的时候，千万别马上做决定，要给自己一点时间想一想，之后得到的答案也许就跟原来不同了。"

一个人失意时，头脑一片混乱，甚至会因此产生绝望的情绪，这是一个人最危险的时候，最容易做出糊涂的判断、糟糕的计划。一个人悲观失望时，就没有了精辟的见解，也无法对事物认识全面，也就失去了准确的判断力。所以忧郁悲观的时候，一定不能做出重要决断，等到头脑清醒、心情平复的时候，我们才可以设计更好的计划。

可以说一个人只要不自我设限，记住"险峰与我何干"，不畏惧眼前或周围的困难、险境，就能为自己开创一片无限广阔的天地。

## 不要拿过去犯下的错误处罚自己

当刘翔从北京奥运会赛场上退下来的时候，他说，下一次他一定会做得很好；当程菲因为一个动作而出现失误的时候，她说，下一次她会吸取教训。尽管因为没有注意到自己的伤而导致不能坚持到最后，但是刘翔没有一直活在悔恨之中，而是鼓足了勇气面对未来的路；尽管练习了多次的动作没能发挥到最好，但是程菲也没有抓住自己过去所犯的错误不放，而是在总结了经验之后，期待另一次精彩的绽放。

可是，在生活中，有太多的人喜欢抓住自己的错误不放：没能抓住发展的机遇，就一直怨恨自己的不具慧眼；因为粗心而算错了数据，就一直抱怨自己没长大脑；做错了事情伤害到了别人，会为没有及时的道歉而自责很久……

人生一世，花开一季，谁都想让此生了无遗憾，谁都想让自己所做的每一件事都永远正确，从而达到自己预期的目的。可这只能是一种美好的幻想。人不可能不做错事，不可能不走弯路。做了错事，走了弯路之后，有谴责自己的情绪是很正常的，这是一种自我反省，是自我解剖与改正的前奏曲，正因为有了这种"积极的谴责"，我们才会在以后的人生之路上走得更好、更稳。但是，如果你抓住后悔不放，或羞愧万分，一蹶不振；或自惭形秽，自暴自弃，那么你的这种做法就是愚人之举了。

卓根·朱达是哥本哈根大学的学生。有一年暑假，他去做导游，因为他总是乐于帮助游客，因此几个芝加哥来的游客就邀请他去华盛顿观光。

卓根抵达华盛顿以后就住进威乐饭店，他在那里的账单已经预付过了。

当他准备就寝时，才发现由于自己的粗心大意，放在口袋里的皮夹不翼而飞。他立刻跑到柜台那里。

"我们会尽量想办法。"经理说。

第二天早上，仍然找不到。因为一时的粗心马虎，让自己孤零零一个人待在异国他乡，应该怎么办呢？他越想越是生气，越想越是懊恼，于是想到了很多办法来惩罚自己。

这样折腾了一夜之后，他突然对自己说："不行，我不能再这样一直沉浸在悔恨当中了。我要好好看看华盛顿。说不定我以后没有机会再来了，但是现在仍有宝贵的一天待在这里。好在今天晚上还有飞机到芝加哥去，一定有时间解决护照和钱的问题。"

于是他立刻动身，徒步参观了白宫和国会山，并且参观了几个博物馆，还爬到华盛顿纪念馆的顶端。

等他回到丹麦以后，这趟美国之旅最使他怀念的却是在华盛顿漫步的那一天——因为如果他一直抓住过去的错误不放，那么这宝贵的一天就会白白溜走。放下过去的错误，向前看，才能有更多的收获。我们一生当中会犯很多错误，如果每一次都抓住错误不放，那么我们的人生恐怕只能在懊悔中度过。很多事情，既然已经没有办法挽回，就没有必要再去惋惜悔恨了。与其在痛苦中挣扎浪费时间，还不如重新找到一个目标，再一次奋发努力。


## 把"我不可能"彻底埋葬


在自然界中，有一种十分有趣的动物，叫作大黄蜂。曾经有许多生物学家、物理学家、社会行为学家联合起来研究这种生物。根据生物学的观点，所有会飞的动物，必然是体态轻盈、翅膀十分宽大的，而大黄蜂这种生物的状况，却正好跟这个理论反其道而行之。大黄蜂的身躯十分笨重，而翅膀却出奇短小，依照生物学的理论来说，大黄蜂是绝对飞不起来的；而物理学家的论调则是，大黄蜂的身体与翅膀的比例，根据流体力学的观点，同样是绝对没有飞行的可能。简单地说，大黄蜂这种生物，是根本不可能飞得起来的。

可是，在大自然中，只要是正常的大黄蜂，却没有一只是不能飞行的，而且它飞行的速度并不比其他飞行昆虫慢。这种现象，仿佛是大自然和科学家们开了一个很大的玩笑。最后，社会行为学家找到了这个问题的答案。很简单，那就是——大黄蜂根本不懂"生物学"与"流体力学"。每一只大黄蜂在它成熟之后，就很清楚地知道，它一定要飞起来去觅食，否则必定会活活饿死！这正是大黄蜂之所以能够飞得那么好的奥秘。

由此可见，这世上没有绝对的"不可能"，只要敢于拼搏，一切皆有可能。

谈到"不可能"这个词，我们来看一看著名成功学大师卡耐基年轻时用的一个奇特的方法。卡耐基年轻的时候想成为一名作家。要达到这个目的，他知道自己必须精于遣词造句，字典将是他的工具。但由于家里穷，接受的教育并不完整，因此"善意的朋友"就告诉他，说他的雄心是"不可能"实现的。

后来，卡耐基存钱买了一本最好的、最完全的、最漂亮的字典，他所需要的字都在这本字典里，而他对自己的要求是要完全了解和掌握这些字。他做了一件奇特的事，他找到"impossible"（不可能）这个词，用小剪刀把它剪下来，然后丢掉。于是他有了一本没有"不可能"的字典。以后他把整个事业建立在这个前提下，那就是对一个要成长，而且要超过别人的人来说，没有任何事情是不可能的。当然，并不是建议你从你的字典中把"不可能"这个词剪掉，而是建议你要从你的脑海中把这个观念铲除掉。谈话中不提它，想法中排除它，态度中去掉它、抛弃它，不再为它提供理由，不再为它寻找借口。把这个词和这个观念永远地抛开，而用光明灿烂的"可能"来代替它。

翻一翻你的人生词典，里面还有"不可能"吗？可能很多时候，在我们鼓起雄心壮志准备大干一场时，有人好心地告诉我们："算了吧，你想得未免也太天真、太不可思议了，那是不可能的事情。"接着我们也开始怀疑自己："我的想法是不是太不符合实际了？那是根本不可能达到的目标。"

假如回到 500 年前，如果有人对你说，你坐上一个银灰色的东西就可以飞上天；你拿出一个黑色的小盒子就能够跟远在千里之外的朋友说话；打开一个"方柜子"就能看到世界各地发生的事情……你也同样会告诉他"不可能"。但是，今天飞机、手机、电视甚至宇宙飞船都已变成现实了。正如那句老话所说的，"没有做不到，只有想不到"，奇迹在任何时候都可能发生。

综观历史上成就伟业的人，往往并非那些幸运之神的宠儿，而是那些将"不可能"和"我做不到"这样的字眼从他们的字典以及脑海中连根拔去的人。富尔顿仅有一只简单的桨轮，但他发明了蒸汽轮船；在一家药店的阁楼上，迈克尔·法拉第只有一堆破烂的瓶瓶罐罐，但他发现了电磁感应；在美国南方的一个地下室中，惠特尼只有几件工具，但他发明了锯齿轧花机；豪·伊莱亚斯只有简陋的针与梭，但他发明了缝纫机；贫穷的贝尔教授用最简单的仪器进行实验，但他发明了电话。

美国著名钢铁大王安德鲁·卡内基在描述他心目中的优秀员工时说："我们所急需的人才，不是那些有着多么高贵的血统或者多么高学历的人，而是那些有着钢铁般的坚定意志，勇于向工作中的'不可能'挑战的人。"

这是多么掷地有声、发人深省的一句话啊！

每一位在生活中、在职场上拼搏并希望获得成功的人，都应该把这句话铭刻在自己的记忆深处！敢于向"不可能"发出挑战，一切皆有可能！


## 保持特质才能赢得蓝天

有些人，在智商方面可能并没有什么超常的地方，但是，他们总有某个特质是超出常人的。这种时候，只有使这些能让自己成就大事的特质得到充分的发挥，人才有可能成长。

每个人在给自己定位或者确定方向的时候，总会受到外界这样或者那样的影响，其中包括父母长辈的期望。在这种情况之下，一个人就容易受外在事物的影响，不遵从自身特质的指引，走上一条受他人影响，甚至由别人指定的道路。这对于任何人而言都是一种悲哀。每个人遇到这种情况时，都应该坚持，坚持自己的特质。

这里有诺贝尔物理学奖获得者杰拉德斯·图夫特的一段话，他的成长经历在杰出人士这一群体中就很具有代表性。

当杰拉德斯·图夫特还是一个 8 岁的小男孩时，一位老师问他："你长大之后想成为怎样的人？"他回答："我想成为一个无所不知的人，想探索自然界所有的奥秘。"图夫特的父亲是一位工程师，因此想让他也成为一名工程师，但是他没有听从。"因为我的父亲关注的事情是别人已经发明的东西，我很想有自己的发现，做出自己的发明。我想了解这个世界运作的道理。"正是有着这样的渴求，当其他孩子在玩耍或者在电视机前荒废时光的时候，小小的图夫特就在灯前彻夜读书了。"我对于一知半解从来不满足，我想知道事物的所有真相。"他很认真地说。

图夫特告诫我们要保持自我。"最重要的是一定要决定你要走什么样的道路。你可以成为一名科学家，可以去做医生，但是一定要选择你的道路。世界上没有完全相同的两个人，这就是人类能够取得各种各样成就的原因。所以没有必要来强迫一个人去做他不感兴趣的工作。如果你对科学感兴趣，你要尽量找一些好的老师，这点非常重要。

即使是这样，你也不一定就会获得诺贝尔奖，这些事情是可遇而不可求的，你不能过于注重结果，你不要期望一定能取得什么样的成就。如果你真正地投入到一个领域当中，倘若那不是你想要得到的，那么你也不能从中发现真正的乐趣。"

这话深刻地揭示了保持自己的特长，让自己前行的道路能够顺应自己固有的特质延伸，对于杰出人士的成长，可谓是至关重要。

德塞纳维尔，在别人眼里是干什么都不行的庸才。但是，他总觉自己有点儿与众不同的地方。有一天，他脑子里飘起一段曲调，他便将它大概哼了出来，并用录音机录了下来，请人写成乐谱，名为《阿德丽娜叙事曲》。阿德丽娜正是他的大女儿。曲子谱好后，就在罗曼维尔市找了一个游艺场的钢琴演奏员为之录音。这个演奏员没啥名气，穷酸得很。德塞纳维尔给他取了个艺名，叫理查德·克莱德曼……这一演奏不要紧，在音乐界引起了轰动，唱片在全世界一下子卖了 2600 万张，德塞纳维尔轻而易举地发了财。他说："我不会玩任何乐器，也不识乐谱，更不懂和声。不过我喜欢瞎哼哼，哼出些简单的、大众爱听的调儿。"

德塞纳维尔只作曲，不写歌，他的曲子已有数百首，并且流行全球。成功人士都是这样，保持特质，最后他们得到了一片蓝天。

## 知道自己有多美好，无须要求别人对你微笑

多年以来，在我们的教育中，个人总是被否定的那一个："面对他人，我不重要，为了他人能开心，只能牺牲我自己的开心；面对我自己，我也不重要，这个世界上，少了我就如同少了一只蚂蚁，没有分量的我，又有什么重要？"但是，作为独一无二的"我"，真的不重要吗？不，绝不是这样，"我"很重要。

当我们对自己说出"我很重要"这句话的时候，"我"的心灵一下子充盈了。是的，"我"很重要。

"我"是由无数星辰、日月、草木、山川的精华汇积而成的。

只要计算一下我们一生吃进去多少谷物、饮下了多少清水，才凝聚成这么一个独一无二的躯体，我们一定会为那数字的庞大而惊讶。世界付出了这么多才塑造了这样一个"我"，难道"我"不重要吗？

你所做的事，别人不一定做得来；而且，你之所以为你，必定是有一些特殊的地方——我们姑且称之为特质吧！而这些特质又是别人无法模仿的。

既然别人无法完全模仿你，也不一定做得来你能做得了的事，试想，他们怎么可能取代你的位置来替你做些什么呢？所以，你必须相信自己。

况且，每个来到这个世上的人，都是上帝赐给人类的礼物，上帝造人时即已赋予了每个人与众不同的特质，所以每个人都会以独特的方式与他人互动，进而感动别人。要是你不相信的话，不妨想想：有谁的基因会和你完全相同？有谁的个性会和你一毫不差？

由此，我们相信，我们存在于这世上的目的，是别人无法取代的。相信自己很重要。"我很重要。没有人能替代我，就像我不能替代别人。"

生活就是这样的，无论是有意还是无意，我们都要对自己有信心。不要总是拿自己的短处去对比人家的长处，却忽视了自己也有人所不及的地方。自卑是心灵的腐蚀剂，自信却是心灵的发电机。所以我们无论身处何境，都不要让自卑的冰雪侵蚀心灵，而应燃烧自信的火炬，始终相信自己是最优秀的，这样才能调动生命的潜能，去创造无限美好的生活。

也许我们的地位卑微，也许我们的身份渺小，但这丝毫不意味着我们不重要。重要并不是伟大的同义词，它是心灵对生命的允诺。人们常常从成就事业的角度，断定自己是否重要。但这并不应该成为标准，只要我们在时刻努力着，为光明在奋斗着，我们就是无比重要的，不可替代的。

让我们昂起头，对着我们这颗美丽的星球上无数的生灵，响亮地宣布：我很重要。

面对这么重要的自己，我们有什么理由不爱自己呢！


## 人生有多残酷，你就该有多坚强

成就平平的人往往是善于发现困难的"天才"，他们善于在每一项任务中都看到困难。他们莫名其妙地担心前进路上的困难，这使他们勇气尽失。他们对于困难似乎有惊人的"预见"能力。

一旦开始行动，他们就开始寻找困难，时时刻刻等待着困难的出现。当然，最终他们发现了困难，并且被困难击败。这些人似乎戴着一副有色眼镜，除了困难，他们什么也看不见。他们前进的路上总是充满了"如果""但是""或者"和"不能"。这些东西足以使他们止步不前。

一个向困难屈服的人必定会一事无成，很多人不明白这一点。

一个人的成就与他战胜困难的能力成正比。他战胜越多别人所不能战胜的困难，他取得的成就也就越大。如果你足够强大，那么困难和障碍会显得微不足道；如果你很弱小，那么障碍和困难就显得难以克服。有的人虽然知道自己要追求什么，却畏惧成功道路上的困难。他们常常把一个小小的困难想象得比登天还难，一味地悲观叹息，直到失去了克服困难的机会。那些因为一点点困难就止步不前的人，与没有任何志向、抱负的庸人无异，他们终将一事无成。

成就大业的人，面对困难时从不犹豫徘徊，从不怀疑自己克服困难的能力，他们总是能紧紧抓住自己的目标。对他们来说，自己的目标是伟大而令人兴奋的，他们会向着自己的目标坚持不懈地攀登，而暂时的困难对他们来说则微不足道。伟人只关心一个问题："这件事情可以完成吗？"而不管他将遇到多少困难。只要事情是可能的，所有的困难就都可以克服。

我们不能成为一个自己给自己制造障碍的人。如果一切事情都依靠这种人，结果就会一事无成。如果听从这些人的建议，那么一切造福这个世界的伟大创造和成就都不会存在。

一个会取得成功的人会看到困难，却从不惧怕困难，因为他相信自己能战胜这些困难，他相信一往无前的勇气能扫除这些障碍。有了决心和信心，这些困难又能算得了什么呢？对拿破仑来说，阿尔卑斯山算不了什么。并非阿尔卑斯山不可怕，冬天的阿尔卑斯山几乎是不可翻越的，但拿破仑觉得自己比阿尔卑斯山更强大。

虽然在法国将军们的眼里，翻越阿尔卑斯山太困难了，但是他们那伟大领袖的目光却早已越过了阿尔卑斯山上的终年积雪，看到了山那边碧绿的平原。

乐观地面对困难，多一些快乐，少一些烦恼，你会惊奇地发现，这不仅会使你的工作充满乐趣，还会让你获得幸福。你会发现，自己成了一个更优秀、更完美的人。你用充满阳光的心灵轻松地去面对困难，就能保持自己心灵的和谐。而有的人却因为这些困难而痛苦，失去了心灵的和谐。

你怎样看待周围的事物完全取决于你自己的态度。每一个人的心中都有乐观向上的力量，它使你在黑暗中看到光明，在痛苦中看到快乐。每一个人都有一个水晶镜片，可以把昏暗的光线变成七色彩虹。

夏洛特·吉尔曼在他的《一块绊脚石》中描述了一个登山的行者，突然发现一块巨大的石头摆在他的面前，挡住了他的去路。他悲观失望，祈求这块巨石赶快离开。但它一动不动。他愤怒了，大声咒骂，他跪下祈求它让路，它仍旧纹丝不动。行者无助地坐在这块石头前，突然间他鼓起了勇气，最终解决了困难。用他自己的话说："我摘下帽子，拿起我的手杖，卸下我沉重的负担，我径直向着那可恶的石头冲过去，不经意间，我就翻了过去，好像它根本不存在一样。如果我们下定决心，直面困难，而不是畏缩不前，那么，大部分的困难就根本不算什么困难。"

# 第三章

武装你的心，
消除内心不够
强大的因素

## 浮躁断送美好前程

从前有一个年轻人想学剑法。于是，他就找到一位当时武术界最有名气的老者拜师学艺。老者把一套剑法传授与他，并叮嘱他要刻苦练习。一天，年轻人问老者："我照这样练习，需要多久才能够成功呢？"老者答："3个月。"年轻人又问："我晚上不睡觉来练习，需要多久才能够成功？"老者答："3年。"年轻人吃了一惊，继续问道："如果我白天黑夜都练剑，吃饭走路也想着练剑，又需要多久才能成功？"老者微微笑道："30年。"年轻人愕然……

年轻人练剑如此，我们生活中要做的许多事情同样如此。切勿浮躁，遇事除了要用心用力去做，还应顺其自然，才能够成功。

古人云："锲而不舍，金石可镂；锲而舍之，朽木不折。"成功人士之所以成功的重要秘诀就在于，他们将全部的精力、心力放在同一目标上。许多人虽然很聪明，但心存浮躁，做事不专一，缺乏意志和恒心，到头来只能是一事无成。你越是急躁，便会在错误的思路中陷得越深，也越难摆脱痛苦。

很多时候，我们的内心都为外物所遮蔽、掩饰，浮躁占据了我们的整颗心，因此在人生中留下许多遗憾。在学业上，由于我们还不会倾听内心的声音，所以盲目地选择了别人为我们选定的、他们认为最有潜力与前景的专业；在事业上，我们故意不去关注内心的声音，在一哄而起的热潮中，我们也去选择那些最为众人看好的热门职业；在爱情上，我们常因外界的作用扭曲了内心的声音，因经济、地位等非爱情因素而错误地选择了伴侣……我们都是现代人，现代人惯于为自己做各种周密而细致的盘算，权衡着可能有的各种收益与损失，但是，我们唯一忽视的，便是去听一听自己内心的声音。

一位长者问他的学生："你心目中的人生美事为何？"学生列出"清单"一张：健康、才能、美丽、爱情、名誉、财富……谁料老师不以为然地说："你忽略了最重要的一项——心灵的宁静，没有它，上述种种都会给你带来可怕的痛苦！"

唯有拥有宁静的心灵，才会不眼热权势显赫，不奢望金银成堆，不乞求声名鹊起，不羡慕美宅华第，因为所有的眼热、奢望、乞求和羡慕，都是一厢情愿，只能加重生命的负荷，加剧心力的浮躁，而与豁达快乐无缘。

任何一项成就的取得，都是与勤奋和努力分不开的，心浮气躁、急于求成根本于事无补，要想成功，必须得静下心来，认认真真地干。只要我们功夫做到家，自然能取得令人满意的结果。

## 冲动是生活中的隐形地雷

每个人都有冲动的时候，尽管冲动是一种很难控制的情绪。但不管怎样，你一定要牢牢控制住它。否则一点细小的疏忽，就可能贻害无穷。

培根说："冲动，就像地雷，碰到任何东西都一同毁灭。"如果你不注意培养自己冷静理智、心平气和的性情，培养交往中必需的沉着，一旦碰到"导火线"就暴跳如雷，情绪失控，就会把你最好的人生全都炸掉，最后让自己陷入自戕的囹圄。

南南的爸爸妈妈大吵了一架，起因是妈妈放在自己外套里的 300 元钱不见了，妈妈认定是爸爸拿的，爸爸却不承认。下班后，爸爸直接去保姆家接南南，保姆一边帮南南穿衣服，一边说："昨天我给南南洗衣服，从她口袋里找出 300 元钱，都被我洗湿了，晾在……"没等保姆把话说完，爸爸立刻就把南南拽了过去，狠狠打了她两个耳光，南南的嘴角立刻流血了。"你竟敢偷钱！害得我和你妈妈大吵了一架，这样坏的孩子不要算了！"他丢下南南掉头就走了。南南根本不知道发生了什么事，只觉得脸很痛，就哭了起来。保姆对南南妈妈说："你家先生也太急躁了，不等我把话说完就打孩子，这么小的孩子哪知道偷钱啊！300 元钱对她来说就是张花纸，一定是她拿着玩时顺手放到口袋里的。"南南被妈妈抱回家，但却总是不停哭闹，妈妈只好带她去医院做检查。

检查结果让夫妻俩完全呆住了：孩子的左耳完全失去听力，右耳只有一点听力，将来得戴助听器生活。由于失去听力，孩子的平衡感会很差，同时她的语言表达能力也将受到严重影响。

南南爸爸痛不欲生，他一时冲动打出的两个巴掌竟然毁了女儿的一生，他永远也无法原谅自己，并将终生背负着对女儿的愧疚。

冲动的行为害人害己，这个事件就是一个很好的例证。

生活中，大多数成功者，都是对情绪能够收放自如的人。这时，情绪已经不仅仅是一种感情的表达，更是一种重要的生存智慧。如果控制不住自己的情绪，随心所欲，就可能带来毁灭性的灾难。情绪控制得好，则可以让你化险为夷。

所以，你要学会控制自己的冲动，学会审时度势，千万不能放纵自己。每个人都有冲动的时候，尽管冲动是一种很难控制的情绪。但不管怎样，你一定要牢牢控制住它。否则一点细小的疏忽，就可能贻害无穷。

## 孤独营造心灵的沼泽

孤独，是一种常见的心理状态。有些人在孤独中离群索居，形单影只，内心备受煎熬。被孤独感笼罩的人，精神长期压抑导致心理失衡，甚至最终丧失生活的勇气和信心。其实在我们人生的河流中，总有那么一刻，你是孤独无助的，但不要害怕，因为孤独本身也能成为你很好的伙伴。

孤独是现代人的通病，也是现代文明带给人类的"文明病"。在很多人看来，电视就是都市人走向孤独的第一个教唆犯。伴着电子游戏、电子宠物、音响以及豢养的诸如名猫、名犬等动物，加之阳台上种植的各种各样开放得不合时宜的花草，都使人们在极力摆脱孤独的同时，反而更深地陷入孤独的深渊。

孤独是既不爱人也不被人爱的一种失重状态，是处于不关心他人也不被他人关心的人生夹壁，因此摆脱孤独的唯一方式在人而不在物，即以爱人之心冰释不被人爱的人生尴尬。纽约心理学研究所所长亨利曾说："据我所知，现代心理学最重要的发现，就是在了解自己与追求自我幸福上，必须训练自己及牺牲自己，这是经过科学验证的发现。"一切指示解脱孤独的途径，若不是意在打破人与人之间的障壁，都无异于魔鬼设下的圈套和陷阱。聊天是解除孤独最易行也最廉价的方式。

有的人会把孤独与空寂相等同，事实上，孤独与空寂这两件事有极大的不同。孤独是一种完全与外界切断，没有明显理由而突然非常害怕的感觉。如果你的心中感觉什么都无法依赖，没有任何一种方法能解除你这种自我封闭式的空虚，你就明白什么叫恐惧了，这就是孤独。但是空寂完全不同，那是一种解脱的境界，当你经历过孤独，并且明白孤独是什么以后，空寂就来到了。那是一种在心理上不再依赖任何人的境界，因为你已经不再追求娱乐、舒适及满足。只有在这个时刻，你的心才是完全独立的，也只有这种心智才具有创造力。

当孤独的痛苦笼罩你的时候，你就要面对它、看着它，不要产生任何想逃走的意念。如果你逃走了，你就永远也不会了解它，它就永远躲在一角伺机而动。反之，如果你能了解孤独并且超越它，你就会发现根本不需要逃避它，于是也就不再有那种追求满足和娱乐的冲动了，因为你的心已经认识了一种不会腐败、也无法毁灭的圆满。

布雷斯·巴斯达曾经说过："所有人类的不幸，都起始于无法一个人安静地坐在房间里。"

孤独是一种难得的感觉，在感到孤独时轻轻地合上门窗，隔去外面喧闹的世界，默默地坐在书桌前，用粗糙的手掌爱抚地拂去书本上的灰尘，翻着书页，嗅觉立刻又触到了久违的纸墨清香。正像作家纪伯伦所说："孤独，是忧愁的伴侣，也是精神活动的密友。"孤独，是人的一种宿命，更是精神优秀者所必然选择的一种命运。

正如罗曼·罗兰所说："世上只有一个真理，便是忠实于你的人生，并且爱它。"在这喧嚣的尘世之中，要忠实人生，必须学会享受孤独。孤独就像个沉默寡言的朋友，在清静淡雅的房间里陪你静坐，虽然不会给你谆谆教导，却会引领你反思生活的本质及生命的真谛。孤独时你可以回味一下过去的事情，以明得失，也可以计划一下未来，以未雨绸缪；你也可以静下心来读点书，让书籍来滋养一下干枯的心田；也可以和爱人一起去散散步，弥补一下失落的情感；还可以和朋友聊聊天，古也谈谈，今也谈谈，不是神仙，胜似神仙。

孤独，实在是内心一种难得的感受。当你想要躲避它时，表示你已经深深感受到它的存在。此时，不妨轻轻地关上门窗，隔去外界的喧闹，一个人独处，细心品味孤独的滋味。虽然它静寂无声，却可以让你更好地透视生活，在人生的大起大落面前，保持一种洞若观火的清明和远观的睿智。

在人生的漫漫长路中，孤独常常不请自来地出现在我们面前。在广阔的田野上，在"行人欲断魂"的街头，在幽静的校园里，在深夜黑暗的房间中，你都能隐约感受到孤独的灵魂。

而保留一点孤独则可以使你"远看"事物，即"从事物远离"，对事物"做远景的透视"，只有这样才能达到万物合一、生命永恒的境界。在这种境界中，你"可以倾诉一切""可以诚实坦率地向万物说话""人们彼此开诚布公，开门见山"。这也是一种艺术审美的境界，它能"使事物美丽、诱人，令人渴慕"，使人成为自己的主人，使人生获得意义和价值。

## 空虚，生命难以承受之轻

空虚是心灵的一张网，任凭你怎样挣扎，依然牢牢地把你捆绑。空虚又像一幕浓雾，久郁不散，四处弥漫。空虚没有味道，没有颜色，就像空气一样，永远存在，深深一吸就充溢整个胸腔。空虚是生命难以承受之轻，只有驱遣空虚，我们才能更真实地面对自己，面对生活。

空虚是一种无奈，是没有依靠，找不到人生的支撑点，是一种漂浮不定的状态。空虚的前提是闲，倘若生活充实、目标明确，则不太容易空虚。孔子曰："饱食终日，无所用心，难矣哉！"这实在是有仇无敌的难受。一身的力气，不知道该干什么，真是难熬。周国平说："无聊生于目的与过程的分离，乃是一种对过程疏远和隔膜的心情。"但这种无聊是短暂的，更多的时候，我们是既无目标，又无过程，是一种十足的百事无心、茫无出路，是被充分的时间困惑着的，是拥有巨大时间财富而无兑换物的痛苦。

人生若无寄托，则必陷入空虚。袁宏道在写给李子髯的信中说："人情必有所寄，然后能乐；故有以弈为寄，有以色为寄，有以技为寄，有以文为寄。古之达人，高人一层，只是他情有所寄，不肯浮泛虚度光景。每见无寄之人，终日忙忙，如有所失，无事而忧，对景不乐，即自家亦不知是何缘故，这便是一座活地狱，更说什么铁床铜柱刀山剑树也！"

我们可以忍得了寂寞，却往往受不了空虚。寂寞较之于空虚，常常显示出诗的品质，所以寂寞时可以读诗，而空虚时只可读读小说。汉魏乐府、唐诗宋词，其所呈现的审美意趣，绝不是空虚者所能把玩的；而宋元话本、唐代传奇，则可开解无聊，化释空虚。

罗素说："人的空虚之感只是在人的天然的需要容易满足的情况下产生的。人这个动物，正如别的动物一样，适宜做各种各样的生存斗争。一旦人依凭了大量的财富，毫不费力地满足了他所有的欲望，快乐的要素就会随着他的努力一起向他告别……缺少你所向往的某种东西，是人生快乐不可缺少的一个条件。"

总而言之，生活就是这样，空虚生寂寞，寂寞生无聊，无聊生是非，它们合伙将人生窒息。

生活中经常会听到一些人长吁短叹：虽然工作、学习都很紧张，但依然感到生活空虚无聊，内心十分寂寞。当社会价值多元化导致人们无所适从时，就容易产生这种空虚感。

为了排除愁绪，摆脱寂寞，有人借酒，也有人用烟，还有人寻找刺激，但这些都是愚蠢的方法，并不能填补心中的空虚。精神空虚是一种社会病，它的存在极为普遍，当失去精神支柱或社会价值多元化导致某些人无所适从时或者个人价值被抹杀时，就极易出现这种病态心理。我们要做的只有让自己的内心充实。为此我们可以做到以下几点：

第一，调整我们当前的目标

空虚心态往往是在两种情况下出现的，一是胸无大志，二是目标不切实际，使自己因难以实现目标而失去动力。因此，摆脱空虚必须根据自己的实际情况，及时调整生活目标，从而调动自己的潜力，充实生活内容。

第二，找朋友聊天或寻求社会帮助

当一个人失意或徘徊时，特别需要有人给予力量和支持，予以同情和理解。和朋友适当地聊天、沟通，及时发现空虚的原因，化解空虚和寂寞。

第三，博览群书

读书是填补空虚的良方，读书能使人找到解决问题的钥匙，使人从寂寞与空虚中解脱出来。读书越多，知识越丰富，生活也就越充实。

第四，忘我地工作

劳动是摆脱空虚的极好措施。当一个人集中精神、全身心投入工作时，就会忘却空虚带来的痛苦与烦恼，并从工作中看到自身的社会价值，使人生充满希望。

第五，目标转移

当某一种目标受到阻碍难以实现时，不妨进行目标转移，比如从学习或工作以外培养自己的业余爱好（绘画、书法、打球等），使心情平静下来。当一个人有了新的乐趣之后，就会产生新的追求；有了新的追求，就会逐渐完成生活内容的调整，并从空虚状态中解脱出来，迎接丰富多彩的新生活。

## 抑郁是精神的锁链

抑郁被称为"心灵流感"。作为现代社会的一种普遍情绪，抑郁并没有引起人们足够的重视，然而较长时间的抑郁会让人悲观失望、心智丧失、精力衰竭、行动缓慢。患了抑郁症的人长期生活在阴影中无法自拔，只有积极调整自己的心态，才能走出抑郁的阴霾，重见灿烂的阳光。

人在不同时期，拥有不同的心态，而心态的不同，会导致不同的人生经历。大多数人都可能曾经或轻或重地陷入抑郁。抑郁是一种很复杂的情绪，是痛苦、愤怒、焦虑、悲哀、自责、羞愧、冷漠等情绪复合的结果。它是一种广泛的负面情绪，又是一种特殊的正常情绪。抑郁超过了正常界限就畸变为抑郁症，成了病态心理。由于每个人的心理素质不同，所以抑郁有时间长短、程度强弱之分。

对于抑郁的人，所有的怜悯都不能穿透那面把他和世人隔开的墙壁。在这封闭的墙内，不仅拒绝别人哪怕是极微小的帮助，而且还用各种方式来惩罚自己。在抑郁这座牢狱里，拥有抑郁的人同时充当了双重角色：受难的囚犯和残酷的罪人。正是这种特殊的心理屏障——"隔离"，把抑郁感和通常的不愉快感区别开来。

抑郁困扰世人已经有很长一段时间了，早在两千多年前的著作中就曾有人提及抑郁症患者。

作为美国的第16任总统，林肯也经历过抑郁的困扰："现在我成了世上最可怜的人。如果我个人的感受能平均分配到世界上每个家庭中，那么，这个世上将不会再有一张笑脸。我不知道自己能否好起来，我现在这样真是很无奈。对我来说，或者死去，或者好起来，别无他路。"

心情低落是抑郁症的主要表现。抑郁症属于心理学的范畴，却不单纯表现为心理问题，还可能诱发一些躯体上的相关症状，比如口干、便秘、恶心、憋气、出汗、性欲减退等，女性患者可能会出现闭经等症状。

抑郁是禁锢人心灵的枷锁，困扰着人们，使人不能在现实的世界中调适自我，只能渐渐退缩到自我的小天地里来逃避抑郁。

为了使我们的生活永远充满阳光，为了使我们有一个健康向上的心理，人们曾费尽心思地寻找克服抑郁的药方。

温兹洛夫指出，最有效的办法是从事可振奋情绪的活动：观看让人振奋的运动比赛，看喜剧电影，阅读让人精神振奋的书。不过值得注意的是：有些活动本身就会让人沮丧，比如，研究发现，长时间看电视通常会陷入情绪低潮。

科学家发现，有氧舞蹈是摆脱轻微抑郁或其他负面情绪的最佳方式之一。不过这也要看对象，效果最好的是平常不太运动的人。至于每天运动的人，能达到最好效果的时期大概是他们刚开始养成运动习惯的时期。事实上，这种人的心态变化与一般人恰恰相反，不运动时心情反而容易陷入低潮。运动之所以能改变心情，是因为运动能改变与心情息息相关的生理状态。

善待自己或享受生活也是常见的抗抑郁药方，具体的方法包括泡热水澡、吃顿美食、听音乐等。送礼物给自己是女性常用的方式，大采购或只是逛逛街也很普遍。经研究发现，女性利用吃东西治疗悲伤的比率是男性的 3 倍，男性诉诸饮酒的比率则是女性的 5 倍。

另一个提升心情的良方是助人，抑郁的人萎靡不振的主因是不断想到自己极不愉快的事，设身处地地同情别人的痛苦自可达到转移注意力的目的。经研究发现，担任义工是很好的方法。然而，这也是最少被采用的方法。

## 撩开羞怯的面纱

有位名人说过："害羞是人类最纯真的感情现象。"通常情况下，是人就知道害羞。这种内心不安、惶恐的表现是人成长过程中正常的焦虑现象，但如果这种焦虑持久而严重地干扰了人的正常生活，则成为一种心理病态——社交焦虑症。精神病学家戴维德·西汉教授认为："害羞的症结在于怕别人对自己的印象不好而招致羞辱。"他把害羞的原因归结为大脑中负责负面情绪的区域对陌生情况的过度反应。不过，新的研究表明，容易害羞的人的大脑皮质，对外界的所有刺激的反应，都比外向的人更加敏感。美国国家卫生研究院发展心理学家阿曼达·盖耶领导下的研究者、儿童精神病学家莫妮克·厄恩斯特说："迄今为止，人们认为羞涩往往会导致人避开社交场景，我们的研究是让大家知道，在羞涩的人的大脑中，与犒赏系统有关的区域的活动更加强烈。"

在美国有40%的成年人有羞怯表情，在日本60%的人为自己害羞。心理学家认为，羞怯心理并不都是消极的，适度的羞怯心理是维护人们自尊的重要条件。有人调查表明，羞怯的人能体谅人，比较可靠，容易成为知心朋友，他们对爱情比较忠诚，能保持自己的贞操。当然，这里讲的是"适度"，如过于羞怯，那就成了心理障碍，会给自己的交际和生活带来许多不必要的障碍和苦恼。

从心理学的角度看，羞怯起因于许多事情，但无论是先天的羞怯还是后天的，都可以通过一些行为技巧去克服。

（1）做一些克服羞怯的运动。例如：将两脚平稳地站立，然后轻轻地把脚跟提起，坚持几秒钟后放下，每次反复做30下，每天这样做两三次，可以消除心神不定的感觉。

（2）害羞使人呼吸急促，因此，要强迫自己做数次深长而有节奏的呼吸，这可以使一个人的紧张心情得以缓解，为建立自信心打下基础。

（3）改变你的身体语言。最简单的改变方法就是SOFTEN——柔和身体语言，它往往能收到立竿见影的效果。所谓"SOFTEN"，"S"代表微笑；"O"代表开放的姿势，即腿和手臂不要紧抱；"F"表示身体稍向前倾；"T"表示身体友好地与别人接触，如握手等；"E"表示眼睛和别人正面对视；"N"表示点头，显示你在倾听并理解它。

（4）主动把你的不安告诉别人。诉说是一种释放，能让当事人心理上舒服一些，如果同时能获得他人的劝慰和帮助，当事人的信心和勇气也会随之大增。

（5）循序渐进，一步步改变。专家告诉我们，克服害羞是一项工程，也是一场我们一定能够打赢的战斗，每一个胜利都是真实可见的，只要我们去做。

（6）学会调侃。首先得培养乐观、开朗、合群的性格，注重语言技术训练和口头表达能力，还要去关注社会、洞察人生，做生活的有心人。"调侃"对于害羞的人而言，是一味效果很不错的药。服了它，你的一句话，可能就会让生活充满情趣，让你自己也充满自信。

（7）讲究谈话的技巧。在连续讲话中不要担忧中间会有停顿，因为停顿一会儿是谈话中的正常现象。在谈话中，当你感觉脸红时，不要试图用某种动作掩饰它，这样反而会使你的脸更红，进一步增加你的羞怯心理。想到羞怯并不等于失败，这只是由于精神紧张，并非是你不能应付社交活动。

（8）学会克制自己的忧虑情绪，凡事尽可能往好的方面想，多看积极的一面。

羞怯是人际交往的一道障碍，让我们从羞怯中走出来吧，抛开羞怯心理，我们将能更好地享受集体生活的欢娱。


## 自闭是一种自我囚禁

自闭是自我囚禁的牢笼，是对自己融入群体的所有机会的封杀。自闭不仅让自己失去对生活的信心，而且会严重地腐蚀心灵，导致做任何事情都消极萎靡，心灰意懒。因此，人们要走出自闭，让心灵在蓝天白云下自由健康地呼吸。

每个人活在世上都有追求，并且希望达到完善，这本是一种天性。但人性的历程始终是得失相随，难有十全十美的时候，因而每个人也都应该有一定的心理承受能力才行。特别是当人们遇到挫折或打击后，应积极努力地将紧张或焦虑心态转移或发泄出来，防止其持续作用而损害健康。如果人们面对挫折和打击，将自己"封闭"起来，甚至消极悲观，独居一隅，这样发展下去，就会构成现代生活易引发的"自闭"心理状态。

暂时的自闭孤独有时也是一种休息、放松及宣泄。但是这种自闭只能是暂时的，如果长时间陷入其中，必然会导致心灵的失衡，形成易走极端的倾向。而且，长期的封闭会阻隔个人与社会的正常交往。处在封闭环境之中的人，感觉不到封闭，就必然导致精神的萎靡，思维的僵滞，它使人认知狭窄，情感淡漠，人格扭曲，最终可能导致人格异常与变态。

自我封闭的心理具有一定的普遍性，各个历史时期、不同年龄层次的人都可能出现，其症状特点有：不愿意与人沟通、害怕和人交流、讨厌与人交谈，逃避社会，远离生活，精神压抑，对周围环境敏感。由于他们自我封闭，所以常常忍受着难以名状的孤独寂寞。然而，如果一个人总是将自己封闭在一个狭窄的圈子内，对自己、对社会都没有好处，因此我们一定要走出自闭的心理怪圈。

一个富翁和一个书生打赌，让这位书生单独在一间小房子里读书，每天有人从高高的窗外往里面递一回饭。假如能坚持10年，这位富翁将满足书生所有的要求。于是，这位书生开始了一个人在小房子里的读书生涯。他与世隔绝，终日只有伸伸懒腰，沉思默想一会儿。他听不到大自然的天籁，见不到朋友，也没有敌人，他的朋友和敌人就是他自己。

很快，这位书生就自动放弃了这一赌局。

因为书生在苦读和静思中终于大彻大悟：没有朋友与自己一

道品味生活，分享人生，10年后，即便大富大贵又能怎样？

从这个故事中我们得知：人际关系就像是心灵的一脉清泉，在你迷茫失意时给你以滋润，在你孤单寂寞时给你以慰藉。而人际关系又像是一盏灯，在人生的山穷水尽处，指引给你柳暗花明的又一村繁华。

许多杰出的人士，之所以被能力不如自己的人击垮，就是因为不善与人沟通，不注意与人交流，被一些非能力因素打败。不能融入人群无异于自毁前程，把自己逼入死胡同。而懂得与人沟通的人，平时就很讲究感情投资，讲究人缘，其社会形象是常人不可比的，遇到困难很容易得到别人的支持和帮助。因此，善于沟通的人其交友能力都较一般人占有明显的优势。

总而言之，人是高级的感情动物，注定要在群体中生活，而组成群体的人又处在各种不同的阶层，适当时进行感情投资，有利于在社会上建立一个好人，让你的生活更加顺利和美满。

第四章
DI SI ZHANG

反脆弱，弱小的心
让人所得无几

## 每个生命都从不卑微

著名企业家迈克尔出身贫寒，家境穷困潦倒。在从商以前，他曾是一家酒店的服务生，干的就是替客人搬运行李、擦车的活。

有一天，一辆豪华的劳斯莱斯轿车停在酒店门口，车主人吩咐一声："把车洗洗。"迈克尔那时刚刚中学毕业，还没有见过世面，从未见过这么漂亮的车子，不免有几分惊喜。他边洗边欣赏这辆车，擦完后，忍不住拉开车门，想上去享受一番。这时，正巧领班走了出来，"你在干什么？穷光蛋！"领班训斥道，"你不知道自己的身份和地位吗？你这种人一辈子也不配坐劳斯莱斯！"

受辱的迈克尔从此发誓："这一辈子我不但要坐上劳斯莱斯，还要拥有自己的劳斯莱斯！"

他的决心是如此强烈，以至于成了他人生的奋斗目标。许多年以后，当他事业有成时，果然买了一辆劳斯莱斯轿车！如果迈克尔也像领班一样认定自己的命运，那么，也许今天他还在替人擦车、搬运行李，最多做一个领班。

霍兰德说："在最黑的土地上生长着最娇艳的花朵，那些最伟岸挺拔的树木总是在最陡峭的岩石中扎根，昂首向天。"而高普更是一语道破天机，他说："并非每一次不幸都是灾难，早年的逆境通常是一种幸运，与困难做斗争不仅磨炼了我们的人生，也为日后更为激烈的竞争准备了丰富的经验。"

美国 NBA 男子职业联赛中有一个夏洛特黄蜂队，黄蜂队有一位身高仅 1.60 米的运动员，他就是蒂尼·伯格斯——NBA 最矮的球星。伯格斯这么矮，怎么能在巨人如林的篮球场上竞技，并且跻身大名鼎鼎的 NBA 球星之列呢？这是因为伯格斯的自信。

伯格斯自幼十分喜爱篮球，但由于身材矮小，伙伴们瞧不起他。有一天，他很伤心地问妈妈："妈妈，我还能长高吗？"妈妈鼓励他："孩子，你能长高，长得很高很高，会成为人人都知道的大球星。"从此，长高的梦像天上的云在他心里飘动着，每时每刻都闪烁着希望的火花。

"业余球星"的生活即将结束了，伯格斯面临着更严峻的考验——1.60 米的身高能打好职业赛吗？

伯格斯横下心来，决定要在高手如云的 NBA 赛场上闯出自己的一片天地。"别人说我矮，反倒成了我的动力，我偏要证明矮个子也能做大事情。"在威克·福莱斯特大学和华盛顿子弹队的赛场上，人们看到蒂尼·伯格斯简直就是个"地滚虎"，从下方来的球 90% 都被他收走……

后来，凭借精彩出众的表现，蒂尼·伯格斯加入了实力强大的夏洛特黄蜂队，在他的一份技术分析表上写着：投篮命中率 50%，罚球命中率 90%……

一份杂志专门为他撰文，说他个人技术好，发挥了矮个子重心低的特长，成为一名使对手害怕的断球能手。"夏洛特的成功在于伯格斯的矮"，不知是谁喊出了这样的口号。许多人都赞同这一说法，许多广告商也推出了"矮球星"的照片，上面是伯格斯淳朴的微笑。

成为著名球星的伯格斯始终牢记着当年妈妈鼓励他的话，虽然他没有长得很高，但可以告慰妈妈的是，他已经成为人人都知道的大球星了。其实，每个生命都不卑微。在我们的生活中，也许我们常常会看到这样的人，他们因自己角色的卑微而否定自己的智慧，因自己地位的低下而放弃自己的梦想，有时甚至因被人歧视而消沉，因不被人赏识而苦恼。这个时候，我们就应该给予他们更多的支持和鼓励，而不是冷漠的鄙视和嘲笑。


## 抱怨自己——偷偷作祟的自卑心

自卑就是对自己的抱怨。抱怨自己，就会在士气上削减自己的能量，使自己变得更加懦弱，更加没有信心。

自卑的人，情绪低沉，郁郁寡欢，常因害怕别人看不起自己而不愿与人来往，只想与人疏远，缺少朋友，顾影自怜，甚至自疚、自责、自罪；自卑的人，缺乏自信，优柔寡断，毫无竞争意识，抓不住稍纵即逝的机会，享受不到成功的乐趣；自卑的人，常感疲劳，心灰意懒，注意力不集中，工作没有效率，缺少生活情趣。

如果一个人总是沉迷在自卑的阴影中，那无异于给自己套上了无形的枷锁。但是如果能够认清自己，懂得换个角度看待周围的世界和自己的困境，那么许多问题就会迎刃而解了。

　　一位父亲带着儿子去参观凡·高故居，在看过那张小木床及裂了口的皮鞋之后，儿子问父亲："凡·高不是位百万富翁吗？"父亲答："凡·高是位连妻子都没娶上的穷人。"

　　第二年，这位父亲带儿子去丹麦，在安徒生的故居前，儿子又困惑地问："爸爸，安徒生不是生活在皇宫里吗？"父亲答："安徒生是位鞋匠的儿子，他就生活在这栋阁楼里。"

　　这位父亲是一个水手，他每年往来于大西洋的各个港口；这位儿子叫伊东·布拉格，是美国历史上第一位获普利策奖的黑人记者。20年后，在回忆童年时，他说："那时我们家很穷，父母都靠卖苦力为生。有很长一段时间，我一直认为像我们这样地位卑微的黑人是不可能有什么出息的。好在父亲让我认识了凡·高和安徒生，这两个人告诉我，上帝没有轻看卑微。"

　　富有者并不一定伟大，贫穷者也并不一定卑微。上帝是公平的，他把机会放到了每个人面前，自卑的人也有相同的机会。

　　自卑常常在不经意间闯进我们的内心世界，控制着我们的生活，在我们有所决定、有所取舍的时候，向我们勒索着勇气与胆略；当我们碰到困难的时候，自卑会站在我们的背后大声地吓唬我们；当我们要大踏步向前迈进的时候，自卑会拉住我们的衣袖，叫我们小心地雷。一次偶然的挫败就会令你垂头丧气，一蹶不振，将自己的一切否定，你会觉得自己一无是处，窝囊至极，你会掉进自卑的旋涡。

自卑就像蛀虫一样啃噬着你的人格，它是你走向成功的绊脚石，它是快乐生活的拦路虎。如果一个人很自卑，那他不仅不会有远大的目标，他也永远不会出类拔萃。

自卑是一种压抑，一种自我内心潜能的人为压抑，更是一种恐惧，一种损害自尊和荣誉的恐惧，所以，我们只有比别人更相信并且珍爱自己，我们才能发挥自己最大的潜力，开创出属于自己的天地。


## 克服自卑的 11 种方法

自卑，就是自己轻视自己，认为自己不如别人。自卑心理严重的人，并不一定就是他本人具有某种缺陷或短处，而是不能悦意容纳自己，自惭形秽，常把自己放在一个低人一等，不被自己喜欢，进而演绎成别人看不起的位置，并由此陷入不能自拔的境地。

自卑的人心情低沉，郁郁寡欢，常因害怕别人瞧不起自己而不愿与别人来往，只想与人疏远，他们缺少朋友，甚至自责、自罪；他们做事缺乏信心，没有自信，优柔寡断，毫无竞争意识，享受不到成功的喜悦和欢乐，因而感到疲劳，心灰意懒。

征服畏惧，战胜自卑，不能夸夸其谈，止于幻想，而必须付诸实践，见于行动。建立自信最快、最有效的方法，就是去做自己害怕的事，直到获得成功。

1. 认清自己的想法

有时候，问题的关键是我们的想法，而不是我们想什么事情。人的自卑心理来源于心理上的一种消极的自我暗示，即"我不行"。正如哲学家斯宾诺莎所说："由于痛苦而将自己看得太低就是自卑。"这也就是我们平常说的自己看不起自己。悲观者往往会有抑郁的表现，他们的思维方式也是一样的。所以先要改变戴着有色眼镜看问题的习惯，这样才能看到事情乐观的一面。

2. 放松心情

努力放松心情，不要想不愉快的事情。或许你会发现事情并没有原来想的那么严重，会有一种豁然开朗的感觉。

3. 幽默

学会用幽默的眼光看事情，轻松一笑，你会觉得其实很多事情都很有趣。

4. 与乐观的人交往

与乐观的人交往，他们看问题的角度和方式，会在不知不觉中感染你。

5. 尝试小小的改变

先做一点小的尝试。比如，换个发型，化个淡妆，买件以前不敢尝试的比较时髦的衣服……看着镜子中的自己，你会觉得心情大不一样，原来自己还有这样一面。

### 6.寻求他人的帮助

寻求他人的帮助并不是无能的表现，有时候当局者迷，当我们在悲观的泥潭中拔不出来的时候，可以让别人帮忙分析一下，换一种思考方式，有时看到的东西就大不一样。

### 7.要增强信心

只有自己相信自己，乐观向上，对前途充满信心，并积极进取，才是消除自卑、走向成功的最有效的补偿方法。悲观者缺乏的，往往不是能力，而是自信。他们往往低估了自己的实力，认为自己做不来。记住一句话：你说行就行。事情摆在面前时，如果你的第一反应是我能行，那么你就会付出自己最大的努力去面对它。同时，你知道这样继续下去的结果是那么诱人，当你全身心投入之后，最后你会发现你真的做到了。反之，如果认为自己不行，自己的行为就会受到这个念头的影响，从而失去太多本该珍惜的好机会，因为你一开始就认为自己不行，最终失败了也会为自己找到合理的借口："瞧，当初我就是这么想的，果然不出我所料！"

### 8.正确认识自己

对过去的成绩要做分析。自我评价不宜过高，要认识自己的缺点和弱点，充分认识自己的能力、素质和心理特点。要有实事求是的态度，不夸大自己的缺点，也不抹杀自己的长处，这样才能确立恰当的追求目标。特别要注意对缺陷的弥补和优点的发扬，将自卑的压力变为发挥优势的动力，从自卑中超越。

### 9. 客观全面地看待事物

具有自卑心理的人，总是过多地看重自己不利、消极的一面，而看不到有利、积极的一面，缺乏客观全面地分析事物的能力和信心。这就要求我们努力提高自己透过现象抓本质的能力，客观地分析对自己有利和不利的因素，尤其要看到自己的长处和潜力，而不是妄自嗟叹、妄自菲薄。

### 10. 积极与人交往

不要总认为别人看不起你而离群索居。你自己瞧得起自己，别人也不会轻易小看你。能不能从良好的人际关系中得到激励，关键还在自己。要有意识地在与周围人的交往中学习别人的长处，发挥自己的优点，多在群体活动中培养自己的能力，这样可预防因孤陋寡闻而产生的畏缩躲闪的自卑感。

### 11. 在积极进取中弥补自身的不足

有自卑心理的人大多比较敏感，容易接受外界的消极暗示，从而愈发陷入自卑中不能自拔。而如果能正确对待自身的缺点，变压力为动力，奋发向上，就会取得一定的成绩，从而增强自信，摆脱自卑。

## 不轻易给自己下判决书

也许你遇到过这样的情况，当领导分配给你一项超出你能力的工作时，就会感到害怕，害怕不能如期完成，害怕不能达到领导的要求，害怕耽误自己的业绩。有了这些恐惧之后，你就会觉得困难重重，无论如何也不可能漂亮地完成老板分配的工作。此时，你所遇到的困难已经远远超过做事情本身，恐惧给你的工作和情绪产生了不良的影响。

这种恐惧人人都有，许多年轻人也不例外。有些人对一切都怀着恐惧之心：他们怕风，怕受寒；他们吃东西时怕中毒，经营商业时怕赔钱；他们怕人言，怕舆论；他们怕困苦时刻的到来，怕贫穷，怕失败，怕收获不佳，怕雷电，怕暴风……他们的生命中，充满了恐惧。

恐惧能摧残人的创造精神，能使人的精神机能趋于衰弱。一旦心怀恐惧的心理、不祥的预感，则做什么事都会出现困难，也不可能有效率。恐惧代表着、指示着人的无能与胆怯。这个恶魔，从古至今都是人类最可怕的敌人，是人类文明事业的破坏者。

当整个心态和思想随着恐惧的心情而起伏不定时，干任何事情都不可能收到功效。在实际生活中，真正的困难其实并没有我们想象中的那么大。如果我们能以一颗积极的心对待，那些使得我们未老先衰、愁眉苦脸的事情，那些使得我们步履沉重、面无喜色的事情，就能克服了。

恐惧是人类最大的敌人。不安、忧虑、嫉妒、愤怒、胆怯等，都是恐惧的一种表现。恐惧剥夺了人的幸福与能力，使人变为懦夫；恐惧使人失败，使人流于卑贱。因此，克服恐惧，已成为每个人都要面对的重大问题。

恐惧纯粹是一种心理想象，是一个幻想中的怪物，一旦我们认识到这一点，我们的恐惧感就会消失。如果我们的见识广博到足以明了没有任何臆想的东西能伤害到我们，那我们就不会再感到恐惧了。

恐惧虽然阻碍着人们力量的发挥，给人们做事情带来一定的困难，但它并非是不可战胜的。只要人们能够积极地行动起来，在行动中有意识地纠正自己的恐惧心理，就会减少人们做事情的畏难情绪，那它就不会再成为人们的威胁了。

那么，怎样排除恐惧呢？

首先，你要进行自我激励，不断地在内心里对自己说："没什么可恐惧的，我一定可以把事情做好。"自我激励就是鼓舞自己做出抉择并且行动起来。自我激励能够提供内在动力，例如，本能、热情、情绪、习惯、态度或想法等，能够使人行动起来。

其次，行动起来，用事实克服恐惧。很多事情没有做的时候，常常会感到恐惧。恐惧给我们带来了很大的困难，但是一旦做起来，就不会恐惧了。特别是事情做成功了，就可以克服恐惧，树立起信心。

最后，把事情的最坏结果想象出来，如果最坏的结果你能够承受，那么就没有必要恐惧了。

我们要认识到自己现在对生活的恐惧是早期没有树立信心造成的，这种恐惧不克服就会使自己做事情时产生更多的畏难情绪，严重影响到今后的发展，在恐惧所控制的地方，不可能达成任何有价值的成就。所以，一个做事有"手腕"的人要想成功，就要改变自己，克服恐惧，肯定自己，将畏难情绪紧锁起来。

## 你是独一无二的，要告诉世界"我很重要"

有这样一种思维，在这个世界上，少了我就如同少了一只蚂蚁，没有分量的我，又有什么重要？但是，作为独一无二的"我"，真的不重要吗？不，绝不是这样，"我"很重要。

当我们对自己说出"我很重要"这句话的时候，"我"的心灵一下子充盈了。是的，"我"很重要。

"我"是由无数星辰日月草木山川的精华汇聚而成的。只要计算一下我们一生吃进去多少谷物，饮下了多少清水，才凝聚成这么一具强壮高大的躯体，我们一定会为那数字的庞大而惊讶。世界付出了这么多才塑造了这么一个"我"，难道"我"不重要吗？

你所做的事，别人不一定做得来；而且，你之所以为你，必定是有一些相当特殊的地方——我们姑且称之为特质吧！而这些特质又是别人无法模仿的。

既然别人无法完全模仿你，也不一定做得来你能做得了的事，试想，他们怎么可能给你更好的意见？他们又怎能取代你的位置，来替你做些什么呢？所以，这时你不相信自己，又有谁可以相信？

况且，每个来到这个世上的人，都已被赋予了与众不同的特质，所以每个人都会以独特的方式来与他人互动，进而感动别人。要是你不相信的话，不妨想想：有谁的基因会和你完全相同？有谁的个性会和你一毫不差？

由此，我们相信：你有权活在这世上，而你存在于这世上的目的，是别人无法取代的。

不过，有时候别人（或者是整个大环境）会怀疑我们的价值，时间一长，连我们都会对自己的重要性感到怀疑。请你千万不要让这类事情发生在你身上，否则你会一辈子都无法抬起头来。

记住！你有权力去相信自己很重要。

"我很重要。没有人能替代我，就像我不能替代别人。我很重要。"

生活就是这样的，无论是有意还是无意，我们都要发挥出对自己的信心。不要总是拿自己的短处去对比人家的长处，却忽视了自己也有人所不及的地方。自卑是心灵的腐蚀剂，自信却是心灵的发电机。所以我们无论身处何境，都不要让自卑的冰雪侵占心灵，而应燃烧自信的火炬，始终相信自己是最优秀的，这样才能调动生命的潜能，去创造无限美好的生活。

也许我们的身份渺小，但这丝毫不意味着我们不重要。重要并不是伟大的同义词，它是心灵对生命的允诺。人们常常从成就事业的角度，断定自己是否重要。但这并不应该成为标准，只要我们在时刻努力着，为光明在奋斗着，我们就是无比重要地存在着，不可替代地存在着。

让我们昂起头，对着我们这颗美丽的星球上无数的生灵，响亮地宣布：我很重要。

面对这么重要的自己，我们有什么理由不去爱自己呢！

## 不因耻辱而消沉

人生在世，难免会遭遇耻辱。面对耻辱，如果灰心丧气，不敢锐意进取，那么就难免为境遇所左右。只有超乎境遇之外，将耻辱当作一种寻常际遇，心灵才能自由。

成功并不是随随便便就能取得的，那些成功的人所经历的苦难是一般的人所不能感受到的。很多时候，我们只看到别人成功时候的光彩与绚丽。真正成功背后的辛酸，只有亲身经历了才能体会到。如同月有阴晴圆缺一样，人的一生不可能永远都在鲜花与掌声中度过，耻辱和挫折与人生相依相伴。

司马迁在专心致志写作《史记》的时候，一场飞来横祸突然降临到他的头上。原来，司马迁因为替一位将军辩护，得罪了汉武帝，锒铛入狱，还遭受了酷刑。

受尽耻辱的司马迁悲愤交加，几次想了此残生，但又想起了父亲临终前的嘱托，更何况，《史记》还没有完成，便打消了这个念头。他想："人总是要死的，有的重于泰山，有的轻于鸿毛，我如果就这样死了，不是比鸿毛还轻吗？我一定要活下去！我一定要写完这部书！"想到这里，他把个人的耻辱和痛苦全都埋在心底，发奋著书。

为了心中的《史记》，他不论严寒酷暑，总是起早贪黑。夏季，每当曙光透过窗户照进囚室，司马迁就早早地就着朝阳的光芒，写下一行行文字。无论蚊虫如何肆无忌惮地叮咬他，如何用刺耳的"嗡嗡"声刺着他的耳膜，他总能毫不分心，在如此恶劣的环境下坚持写书。冬季，无论凛冽的寒风如何像刀子般刮在他的脸上，无论呼呼的北风如何灌进他的袖口，他总能丝毫不受外界干扰，坚持著书。

就这样，司马迁发愤写作，用了整整 13 年的时间，终于完成了一部辉煌巨著——《史记》。这部前无古人的著作，几乎耗尽了他毕生的心血，是他用生命写成的。司马迁没有因为受到宫刑这样深痛的耻辱而消沉，而是不断激励自己，最终写成了伟大的著作《史记》。俗话说"知耻而后勇"，真正促使我们获得成功的，真正激励我们昂首阔步的，不是顺境，而是那些常常可以置我们于死地的耻辱、挫折，甚至是死神。在一次次受到耻辱之后，人们的斗志就会被激发，从而奋发图强，最终获得成功。贫贱的出身不算什么，只要我们永不放弃、勤奋苦练，就一定能够出人头地。

　　既然耻辱在所难免，那么当我们面对耻辱时，不妨一笑置之，将它看作是人生的寻常际遇，就如同每天要吃饭、睡觉一般平常。耻辱算不了什么，人生会遇到无数的挫折，耻辱只是其中的一点，只有以一颗平常心看待耻辱，不因耻辱而消沉，才能拥有自在的人生。

第五章

DI WU ZHANG

建立心理优势，
强大的不是能力
而是心理

## 即使失意，也不可失志

　　人生的航船，并非一帆风顺，有风平浪静，也有大浪滔天。风平浪静时，不喜形于色；风吹浪打时，不悲观失望，我自岿然不动。只有这样，人生的大船，才能顺利地驶向成功的彼岸。

　　人有悲欢离合，月有阴晴圆缺。情场失意、亲人反目、工作不如意……这些事情总会不经意间困扰我们，使我们情绪跌至低谷。人生得意须尽欢，而人生失意时也不能停下脚步，也应该积极进取。条条大路通罗马，此路不通，不妨换条路试试，不妨来个情场失意工作补。处在人生的低谷，悲观、痛苦、怨天尤人都没有用，只会让自己越陷越深。越是逆境，我们越应该积极地去面对。

　　莎士比亚曾说：假使我们自己将自己比作泥土，那就真要成为别人践踏的东西了。其实，别人认为你是哪一种人并不重要，重要的是你是否肯定自己；别人如何打败你，并不是重点，重点是你是否在别人打败你之前，就先输给了自己。很多人失败，通常是输给自己，而不是输给别人。因为自己如果不做自己的敌人，世界上就没有敌人。

　　美国从事个性分析的专家罗伯特·菲利浦有一次在办公室接

待了一个因企业倒闭而负债累累的流浪者。罗伯特从头到脚打量眼前的人：茫然的眼神、沮丧的皱纹、十来天未刮的胡须以及紧张的神态。罗伯特想了想，说："虽然我没有办法帮助你，但如果你愿意的话，我可以介绍你去见本大楼的一个人，他可以帮助你赚回你所损失的钱，并且协助你东山再起。"

罗伯特刚说完，他立刻跳了起来，抓住罗伯特的手，说道："看在老天爷的分上，请带我去见这个人。"

罗伯特带他站在一块看来像是挂在门口的窗帘布之前。然后把窗帘布拉开，露出一面高大的镜子，他可以从镜子里看到他的全身。罗伯特指着镜子说："就是这个人。在这世界上，只有这个人能够使你东山再起，你觉得你失败了，是因为输给了外部环境或者别人了吗？不，你只是输给了自己。"

他朝着镜子走了几步，用手摸摸他长满胡须的脸孔，对着镜子里的人从头到脚打量了几分钟，然后后退几步，低下头，哭泣起来。

几天后，罗伯特在街上碰到了这个人，而他不再是一个流浪汉形象，他西装革履，步伐轻快有力，头抬得高高的，原来那种衰老、不安、紧张的姿态已经消失不见。

后来，那个人真的东山再起，成为芝加哥的富翁。

一支小分队在一次行军中，突然遭到敌人的袭击，混战中，有两位战士冲出了敌人的包围圈，结果却发现进入了沙漠中。走至半途，水喝完了，受伤的战士体力不支，需要休息。

于是，同伴把枪递给中暑者，再三吩咐："枪里还有五颗子弹，我走后，每隔一小时你就对空中鸣放一枪。枪声会指引我前来与你会合。"说完，同伴满怀信心找水去了。躺在沙漠中的战士却满腹狐疑：同伴能找到水吗？能听到枪声吗？会不会丢下自己这个"包袱"独自离去？

日暮降临的时候，枪里只剩下一颗子弹，而同伴还没有回来。受伤的战士确信同伴早已离去，自己只能等待死亡。想象中，沙漠里秃鹰飞来，狠狠地啄瞎了他的眼睛、啄食他的身体……结果，他彻底崩溃了，把最后一颗子弹送进了自己的太阳穴。枪声响过不久，同伴提着满壶清水，领着一队骆驼商旅赶来，找到了一具尚有余温的尸体……

那位战士冲出了敌人的枪林弹雨，却死在了自己的枪口下，让人扼腕叹息之余不免警醒：我们奋斗在人生的旅程中，与天斗、与人斗，我们不轻易服输，相信只要自己努力就没有什么战胜不了的。然而很多时候，面对恶劣的环境，面对天灾人祸，面对尔虞我诈，是我们在心理上先否定了自己，是我们自己选择了放弃，选择了失败。

在生命旅途艰难跋涉的过程中我们一定要坚守一个信念：可以输给别人，但不能输给自己。因为打败你的不是外部环境，而是你自己。失意不失志，生活永远充满希望，很多事情都可能重新再来，我们实在没有理由在悲伤中任时光匆匆飞逝。

## 多给自己积极的心理暗示

1960年，哈佛大学的罗森塔尔博士曾在加州一所学校做过一个著名的实验。

新学期，校长对两位教师说："根据过去几年来的教学表现，证明你们是本校最好的教师。为了奖励你们，今年学校特地挑选了一些最聪明的学生给你们教。记住，这些学生的智商比同龄的孩子都要高。"校长再三叮咛："要像平常一样教他们，不要让孩子或家长知道他们是被特意挑选出来的。"

这两位教师非常高兴，更加努力教学了。

一年之后，这两个班级的学生成绩是全校中最优秀的。知道结果后，校长如实地告诉两位教师真相：他们所教的这些学生智商并不比别的学生高。这两位教师哪里会料到事情是这样的，只得庆幸是自己教得好了。

随后，校长又告诉他们另一个真相：他们两个也不是本校最好的教师，而是在所有教师中随机抽选出来的。

这两位教师相信自己是全校最好的老师，相信他们的学生是全校最好的学生，正是这种积极的心理暗示，才使教师和学生都产生了一种努力改变自我、完善自我的进步动力。这种企盼将美好的愿望变成现实的心理，这就是心理暗示的作用。

心理暗示是我们日常生活中最常见的心理现象，它是人或环境以非常自然的方式向个体发出信息，个体无意中接受这种信息并做出相应的反应的一种心理现象。暗示有着不可抗拒和不可思议的巨大力量。

成功心理、积极心态的核心就是自信主动意识，或者称作积极的自我意识，而自信意识的来源和成果就是经常在心理上进行积极的自我暗示。反之也一样，消极心态、自卑意识，就是经常在心理上暗示，而不同的心理暗示也是形成不同的意识与心态的根源。所以说心态决定命运，正是以心理暗示决定行为这个事实为依据的。

每个人都应该给自己以积极的心理暗示。任何时候，都别忘记对自己说一声："我天生就是奇迹。"本着上天所赐予我们的最伟大的馈赠，积极暗示自己，你便开始了成功的旅程。拿破仑·希尔给我们提供了一个自我暗示公式，他提醒渴望成功的人们，要不断地对自己说："在每一天，在我的生命里面，我都有进步。"暗示是在无对抗的情况下，通过议论、行动、表情、服饰或环境气氛，对人的心理和行为产生影响，使其接受有暗示作用的观点、意见或按暗示的方向去行动。

积极的自我暗示，能让我们开始用一些更积极的思想和概念来替代我们过去陈旧的、否定性的思维模式，这是一种强有力的技巧，一种能在短时间内改变我们对生活的态度和期望的技巧。

也就是说，我们可以通过有意识的自我暗示，将有益于成功的积极思想和意识，洒到潜意识的土壤里，并在成功过程中减少因考虑不周和疏忽大意等招致的破坏性后果，全力拼搏，不达目的不罢休。所以，你通过想象不断地进行积极的自我暗示，很可能会成为一个杰出者。


## 挑战自我，多给自己一个机会

美西战争爆发之时，美国总统必须马上与古巴的起义军将领加西亚取得联络。但没有人知道加西亚的确切位置，可美国总统必须尽快得到他的合作。

有什么办法呢？

有人对总统说："如果有人能够找到加西亚的话，那么这个人一定是罗文。"于是总统把罗文找来，交给他一封写给加西亚将军的信。至于罗文中尉如何拿了信，用油纸袋包装好，放在胸口藏好；如何坐了四天的船到达古巴，再经过三个星期，徒步穿过这个危机四伏的岛国，终于把那封信送给加西亚——这些细节都不重要。

重要的是，美国总统把一封写给加西亚的信交给罗文，罗文接过信之后并没有问："他在什么地方？"

太多人所需要的不仅仅是从书本上学习来的知识，也不仅仅是他人的一些教诲，而是要铸就一种精神：积极主动、全力以赴地完成任务——"把信送给加西亚"。

彼得和查理一起进入一家快餐店，当上了服务员。他俩的年龄一样，也拿着同样的薪水，可是工作时间不长，彼得就得到了老板的褒奖，很快被加薪，而查理仍然在原地踏步。面对查理和周围人士的牢骚与不解，老板让他们站在一旁，看看彼得是如何完成服务工作的。

在冷饮柜台前，顾客走过来要一杯麦乳混合饮料。彼得微笑着对顾客说："先生，你愿意在饮料中加入一个还是两个鸡蛋呢？"

顾客说："哦，一个就够了。"

这样快餐店就多卖出一个鸡蛋。在麦乳饮料中加一个鸡蛋通常是要额外收钱的。

看完彼得的工作后，经理说道："据我观察，我们大多数服务员是这样提问的：'先生，你愿意在你的饮料中加一个鸡蛋吗？'

而这时顾客的回答通常是：'哦，不，谢谢。'对于一个能够在工作中主动解决问题、主动完善自身的员工，我没有理由不给他加薪。"

其实这个道理很简单：比别人多努力一些、多思考一些，就会拥有更多的机会。

对很多人来说，每天的工作可能是一种负担、一项不得不完成的任务，他们并没有做到工作所要求的那么多、那么好。

对每一个企业和老板而言，他们需要的绝不是那种仅仅遵守纪律、循规蹈矩，却缺乏热情和责任感，不够积极主动、自动自发的人。

工作需要自动自发，而那些整天抱怨工作的人，是永远都不会知道任何危机都蕴藏着新的机会，这是一条颠扑不破的人生真理。


## 扩大你的内心格局

几个人在岸边的岩石上垂钓，一旁有几名游客在欣赏海景之余，亦围观他们钓上岸的鱼，口中啧啧称奇。

只见一个钓者竿子一扬，钓上了一条大鱼，约三尺来长。落在岸上后，那条鱼依然腾跳不已。钓者冷静地解下鱼嘴内的钓钩，顺手将鱼丢回海中。

围观的众人响起一阵惊呼，这么大的鱼犹不能令他满意，足见钓者的雄心之大。就在众人屏息以待之际，钓者渔竿又是一扬，这次钓上的是一条两尺长的鱼，钓者仍是不多看一眼，解下鱼钩，便把这条鱼放回海里。

第三次，钓者的渔竿又再扬起，只见钓线末端钩着一条不到一尺长的小鱼。围观众人以为这条鱼也将和前两条大鱼一样，被放回大海，不料钓者将鱼解下后，小心地放进自己的鱼篓中。

游客中有一人百思不解，追问钓者为何舍大鱼而留小鱼。钓者经此一问，回答："喔，那是因为我家里最大的盘子只不过有一尺长，太大的鱼钓回去，盘子也装不下……"

舍三尺长的大鱼而宁可取不到一尺的小鱼，这是令人难以理解的取舍，而钓者的唯一理由，竟是因为家中的盘子太小，盛不下大鱼！

在我们的生活经历中，其实也存在许多类似的例子。例如，很多时候，我们有一番雄心壮志时，就习惯性地提醒自己："我想得也太天真了吧，我只有一个小锅，煮不了大鱼。"因为自己背景平凡，而不敢去梦想非凡的成就；因为自己学历不足，而不敢立下宏伟的大志；因为自己自卑保守，而不愿打开心门，去接受更好、更新的信息……凡此种种，我们画地为牢、故步自封，既挫伤了自己的积极性，也限制了自己的发展。

那些人生篇章舒展不开，无法获得大成就的人，大多是没有大格局的人。所谓大格局，就是以长远的、发展的、战略的、全局的眼光看待问题，以博大的胸襟对待人和事。对一个人来说，格局有多大，人生就有多大。那些想成大业的人需要高瞻远瞩的视野和不计前嫌的胸怀，需要"活到老、学到老"的人生大格局。古今中外，大凡成就伟业者，他们都是一开始就从大处着眼，一步步构筑他们辉煌的人生大厦的。

如果把人生比作一盘棋，那么人生的结局就由这盘棋的格局所决定。在人与人的对弈中，舍卒保车、舍车保帅、飞象跳马……种种棋路就如人生中的每一次拼搏。相同的将士象，相同的车马炮，却因为下棋者的布局而大不相同，输赢的关键就在于我们能否把握住棋局。要想赢得人生的这盘棋局，就应当站在统筹全局的高度，有先予后取的度量，有运筹帷幄而决胜千里的方略与气势。棋局决定着棋势的走向，我们掌握了大格局，也就掌控了大局势。

通过规划人生的格局，对各种资源进行合理分配，才可能更容易地获得人生的成功，理想和现实才会靠得更近。人生每一阶段的格局，就如人生中的每一个台阶，只有一步一步地认真走好，才能够到达人生之塔的顶端。

所以，扩大自己内心的格局，对于前景，去构思更大、更美的蓝图。我们将会发现，在自己胸中，竟有如此浩瀚无垠的空间，竟可容下宇宙间永恒无尽的智慧。

有什么样的人生格局，就有什么样的人生结局！


## 宽容，让痛苦变为伟大

哲人说，宽容和忍让的痛苦，能换来甜蜜的结果。

这句话说得诚恳而有深度。宽容是痛苦的，它意味着放弃心中的愤懑不平，将往日的种种侮辱和痛苦生生咽进肚里。这位哲人能体会到宽容者内心的矛盾和波动，是从人的内心出发，十分诚恳。同时，他又指出了宽容的必然性，因为宽容最终会换来甜蜜，而不宽容则只能给人带来更多的痛苦。即使是从追逐快乐甜蜜、远离痛苦这一"趋利避害"的简单本性出发，我们也应该在伤害面前选择宽容。确实，宽容是我们面对伤害应有的心态。

在现实生活中，难免会发生这样的事：亲密无间的朋友，无意或有意做了伤害你的事，你是宽容他，还是从此分手，或伺机报复？以牙还牙，分手或报复似乎更符合人的直觉本能。但这样做了，怨会越结越深，仇会越积越多，结果冤冤相报何时了。

芝加哥人蒙泰在林肯竞选总统期间频频发出尖刻批评。林肯当选之后，为芝加哥人蒙泰在大饭店举行了一个欢迎会。林肯看见蒙泰站在角落里，虽然蒙泰曾大声辱骂过林肯，林肯仍然很有风度地说："你不该站在那儿，你应该过来和我站在一块儿。"

参加欢迎会的每个人都亲眼看见了林肯赋予蒙泰的荣耀，也正因为此，蒙泰成为林肯最忠诚、最热心的支持者。

所以，宽容才是消除矛盾的有效方法，冤冤相报抚平不了心中的伤痕，它只会将伤害者和被伤害者捆绑在无休止的争吵战车上。印度"圣雄"甘地说得好，如果我们对任何事情都采取"以牙还牙"的方式来解决，那么整个世界将会失去色彩。

　　宽容是一种高贵的品质、崇高的境界，是精神的成熟、心灵的丰盈。有了这种境界和心态，人就会变得豁达，变得成熟。宽容是一种仁爱的光，是对别人的释怀，也是对自己的善待。有了宽容之心，就会远离仇恨，避免灾难。宽容是一种生存的智慧、生活的艺术，是看透了社会人生以后所获得的那份从容、自信和超然。有了这种智慧、这种艺术，我们面对人生，就会从容不迫。宽容是一种力量、一种自信，是一种无形的感召力和凝聚力。有了这种力量和自信，人就会胸有成竹，获得成功。

　　也许你曾经遭受过别人对你的恶意诽谤或者是深深的伤害，这些伤痛在你的心底一直未曾被抚平，你可能至今还在怨恨他，不能原谅他。其实，怨恨是一种具有侵袭性的东西，它像一个不断长大的肿瘤，使我们失去欢笑，损害我们的健康。

　　心理学专家研究证实，心存怨恨有害健康，高血压、心脏病、胃溃疡等疾病就是长期积怨和过度紧张造成的。

　　所以，让我们学会宽容，忘记怨恨，这样才能抚慰你暴躁的心绪，弥补不幸对你的伤害，让你获得心灵的自由。

## 勇气在哪里，生命就在哪里

有一天，一个 10 岁的黑人小女孩被母亲派到磨坊里向种植园主索要 50 美分。

园主放下自己的工作，看着那个小女孩敬而远之地站在那里看着他，便问道："你有什么事情吗？"小女孩没有移动脚步，怯怯地回答说："我妈妈说想要 50 美分。"

园主用一种可怕的声音和斥责的脸色回答说："我决不给你！你快滚回家去吧，不然我锁住你。"说完继续做自己的工作。

过了一会儿，他抬头看到那个小女孩仍然站在那儿不走，便掀起一块桶板向她挥舞道："如果你再不滚开的话，我就用这桶板教训你。好吧，趁现在我还……"话未说完，小女孩突然冲到他前面，毫无惧色地扬起脸来用尽全身气力向他大喊："我妈妈需要 50 美分！"

慢慢地，园主将桶板放了下来，手伸向口袋里摸出 50 美分给了那个小女孩。她一把抓过钱去，便像小鹿一样推门跑了，留下园主目瞪口呆地站在那儿回顾这奇怪的经历———一个黑人小女孩竟然毫无惧色地面对自己，并且镇住了自己。在这之前，整个种植园里的黑人们似乎从未有人这样做过。

正是勇气的支撑，使身体单薄的小女孩选择了抗争。"应当惊恐的时候，是在不幸还能弥补之时；在它们不能完全弥补时，就应以勇气面对。"

从著名女作家乔治·艾略特的自传中，人们终于知道了她为什么没有与赫伯特·斯宾塞结婚。那不是她的错，因为她非常爱他，非常想与他结婚。他们有很多共同之处，他也追求她很多年，很多人都以为他们将要结婚。

有一天，斯宾塞用抛硬币来决定是否结婚，他事先想好，如果是正面就结婚，如果是反面就不结婚。结果硬币是反面，他决定不结婚。这个决定既残酷，又草率。这深深地伤害了艾略特，因为她深深地爱着他，也期待着他的爱。她很痛苦。

在心碎数月之后。她写信给一位朋友说："我很好，很'勇敢'，我本来想把这个词换成'快乐'的。"当然，她也是幸运的，因为斯宾塞冷酷、抽象而又易怒。如果他们结婚，她所受到的痛苦可能更大，更不用说斯宾塞常年有病了。

实际上，这可以称得上是一种幸运的解脱方式。斯宾塞的个性僵硬，很多人认为他的哲学也是僵硬的。用抛硬币来决定终身大事，这样的行为如果不是出于自私，他的心理肯定有问题。由于斯宾塞一生未婚，可以说，对于其他女性来说，这也是幸运的。

当我们知道"勇气"可以代替"快乐"时，我们是幸运的，只是因为它揭示了生活中的一个事实。虽然我们失去了一些东西，但是，我们同时也有所得。即使我们没有运气，我们也可以有勇气。幸运也是变幻无常的，它会赋予一个人名声，赋予另一个人财富，并且可以毫无理由。勇气却是一个稳定而又可以依靠的朋友，只要我们信任它。

有句古老的谚语说："生来就拥有财富还不如生来就有好运。"这句话说得也许正确，但是，如果生来就拥有勇气则会更好。财富可能会挥霍一空，好运可能会掉头而去，而勇气则会常伴你左右。

正像乔治·艾略特面对失恋的痛苦一样，让我们用笑脸来迎接悲惨的厄运，用百倍的勇气来应付一切的不幸。勇气在哪里，成功就在哪里；勇气在哪里，生命就在哪里。

## 克服狭隘，豁达的人生更美好

在生活中，常常会见到这样一类人：他们受到一点委屈便斤斤计较、耿耿于怀；听到别人的批评就接受不了，甚至痛哭流涕；对学习、生活中一点小失误就认为是莫大的失败、挫折，长时间寝食难安；人际交往面窄，只同与自己一致或不超过自己的人交往，容不下那些与自己意见有分歧或比自己强的人……这些人就是典型的狭隘型性格的人。

具有这种性格的人极易受外界暗示，特别是那些与己有关的暗示，极易引起内心冲突。心胸狭隘的人神经敏感、意志薄弱、办事刻板、谨小慎微，甚至发展到自我封闭的程度，他们不愿与人进行物质上的交往。心胸狭隘的人会循环往复地自我折磨，甚至会罹患忧郁症或消化系统疾病。

狭隘的人用一层厚厚的壳把自己严严实实地包裹起来，生活在自己狭小冷漠的世界里。他们处处以自我利益为核心，无朋友之情，无恻隐之心，不懂得宽容、谦让、理解、体贴、关心别人。他们始终生活在愤怒及痛苦的阴影下，阻碍了正常的人际交往，影响了自己的生活、学习和工作。因此，心胸狭隘的人必须学会克服狭隘，以一种豁达、宽容的态度对待生活中的人和事。

牛顿1661年中学毕业后，考入英国剑桥大学三一学院。当时，他还是个年仅18岁的清贫学生，有幸得到导师伊萨克·巴罗博士的悉心教导。巴罗是当时知名的学者，以研究数学、天文学和希腊文闻名于世，还有诗人和旅行家的称号，英王查理二世还称赞他是"欧洲最优秀的学者"。他把毕生所学毫无保留地传授给了牛顿。牛顿大学毕业后，继续留在该校读研究生，不久就获得了硕士学位。又过了一年，牛顿26岁，巴罗以年迈为由，辞去数学教授的职务，积极推荐牛顿接任他的职务。其实巴罗这时还不到花甲，更谈不上年迈，他辞职是为了让贤。从此，牛顿就成了剑桥大学公认的大数学家，还被选为三一学院管理委员会成员之一，在这座高等学府中从事教学和科研工作长达30年之久。他的渊博学识和辉煌的科学成就，都是在这里取得的。而牛顿这些成绩的取得与巴罗博士的教导、让贤密不可分。可以说，牛顿的奖章中，巴罗也有一半。

在这个故事中，巴罗用他的豁达和宽容为我们做了很好的榜样。那么，我们要怎么做才能克服狭隘、豁达处世呢？

1. 待人要宽容

在生活中，人与人之间难免会出现一些磕磕碰碰，如有的人伤了自己的面子，有的人让自己下不了台，有的人当众给自己难堪，有的人对自己抱有成见，等等。遇到这些事情，我们应该宽容大度，以促使他人反躬自省。如果针锋相对，互不相让，就会把事态扩大，甚至激化矛盾，于己于人都没有好处。"退一步海阔天空"，我们应该以这种胸怀，妥善处理日常工作、生活中遇到的问题，这样才能处理好人际关系，更好地享受工作、学习、生活的乐趣。

2. 办事要理智

很多人不够成熟，遇事易受情绪控制，一旦受了委屈，遇到挫折，容易失去理智而做出一些蠢事、傻事来。因此，遇事都要先问问自己："这样做对不对？这样做的后果是什么？"多问几个为什么之后，就可以有效地避免"豁出去"的想法和做法，避免更大冲突的发生。

3. 处事要豁达

凡事要想开一些，不能像《红楼梦》中的林黛玉那样小心眼，连一粒沙子都容不下。要胸怀宽广，能容人，能容事，能容批评，能容误解。遇到矛盾时，只要不是原则性的问题，都可以大而化小、小而化了。即使有人故意"冒犯"自己，也应以团结为重，冷静对待和处理。

每个人都希望自己开开心心、顺顺利利，可是生活中总会有那么一些小波澜、小浪花。在这种情况下，斤斤计较会让自己的生活阴暗乏味，只有宽容豁达些才能让自己每天的生活充满阳光。

豁达一点，我们的生活会更美好！


## 改变态度，你就可能成为强者

在这个世界上，从来就没有谁注定就是强者，也没有谁注定就是弱者。强大如老虎，在猎人的陷阱里，它就变成了弱者；弱小如老鼠，在结实的网绳前，拥有锋利牙齿的它就变成了强者。

在这个世界上，每个人都是身怀绝技的强者，这种绝技就像金矿一样埋藏在我们看似平淡无奇的生命中。

法国文豪大仲马在成名前，穷困潦倒。有一次，他跑到巴黎去拜访他父亲的一位朋友，请他帮忙找个工作。

他父亲的朋友问他："你能做什么？"

"没有什么了不得的本事。"

"数学精通吗？"

"不行。"

"你懂得物理吗？或者历史？"

"什么都不知道。"

"会计呢？法律如何？"

大仲马满脸通红，第一次知道自己太差劲了，便说："我真惭愧，现在我一定要努力补救我的这些不足。我相信不久之后，我一定会给您一个满意的答复。"

他父亲的朋友对他说："可是，你要生活啊！把你的地址留在这张纸上吧。"大仲马无可奈何地写下了他的住址。

父亲的朋友看后高兴地说："你的字写得很好呀！"

你看，大仲马在成名前，也曾有过认为自己一无是处的时候。然而，他父亲的朋友却发现了他的一个优点——字写得很好。

字写得好，也许你对此不屑一顾：这算什么绝技！然而，它毕竟是你的本事。你就能以此为基地，扩大你的优点范围：字能写好，文章为什么就不能写好？

我们每一个人，特别是妄自菲薄的人，切不可把强者的标准定得太高，而对自身的长处视而不见。你不要死盯着自己学习不好、没钱、不漂亮等不足的一面，你还应看到自己身体健康、会唱歌、文章写得好等不被外人和自己留意或发现的强项。

事实上，你不是个天生的弱者，每个人都有自己的长处和短处，你为什么只看到自己的不足，而没有看到自己的闪光之处呢？

## 坚持不懈，成功会加倍奖赏你

比尔·撒丁是挪威小有名气的音乐家，他的代表作是《挺起你的胸膛》。多年前，比尔·撒丁一人来到法国，准备报考著名的巴黎音乐学院。考试的时候，他竭力将自己的水平发挥到最佳状态，但主考官还是没能看中他。身无分文的比尔·撒丁来到学院外不远处一条繁华的街上，勒紧裤带在一棵榕树下拉起了手中的琴。他拉了一曲又一曲，吸引了无数人的驻足聆听，围观的人们纷纷掏钱放入琴盒。一个无赖鄙夷地将钱扔在他的脚下。他看了看无赖，最终弯下腰拾起地上的钱递给无赖说："先生，你的钱丢在了地上。"无赖接过钱，重新扔在他的脚下，再次傲慢地说："这钱已经是你的了，你应该收下！"比尔·撒丁再次看了看无赖，深深地对他鞠了个躬说："先生，谢谢你的资助！刚才你掉了钱，我弯腰为你捡起。现在我的钱掉在了地上，麻烦你也为我捡起！"无赖被他出乎意料的举动震撼了，最终捡起地上的钱放入他的琴盒，然后灰溜溜地走了。围观的人群中有一双眼睛一直默默关注着比尔·撒丁，他就是那位主考官。最终，他将比尔·撒丁带回学院，录取了他。

西方有位哲人指出："生活长期考验我们的毅力，唯有那些能够坚持不懈的人，才能得到最大的奖赏。毅力到此地步可以移山，也可以填海，更可以让人从芸芸众生中脱颖而出。"当我们陷入生活低谷的时候，往往会招致许多无端的蔑视。这时，只要我们理智地应对，以一种平和的心态去维护我们的尊严，你就会发现，任何邪恶在正义面前都无法站稳脚跟。而有尊严的人终会走出人生的低谷。

1917年10月的一天，在美国堪萨斯州洛拉镇，一家小农舍的炉灶突然发生爆炸。当时，屋里有一个8岁的小男孩，很不幸的是，他没有逃过这次劫难，孩子的身体被严重灼伤。虽然父母迅速将孩子送进医院，伤势得到了及时的控制，但医生最终仍然表示无能为力，他无奈地告诉孩子的父母："孩子的双腿伤势太严重，恐怕以后再也无法走路了。"医生的话犹如晴天霹雳，父母伤心欲绝，他们不敢面对这个事实，也不敢将这个坏消息告诉儿子，但是，能隐瞒多久呢？随着双腿越来越没有知觉，小男孩终于知道了自己将要面对的悲惨现实。

生活就是这么残酷！在成长的某个阶段，也许命运会对我们不公，会让我们陷入许多难以预料的困境，但同样是困难，人们所收获的结果有时却大相径庭。面对如此的不幸，男孩没有哭，也没有就此消沉，他暗暗下定决心：一定要再站起来。男孩在病床上躺了好几个月，终于可以下床了。他拒绝坐轮椅，坚持要自己走。但是，他连站起来的力气都没有，怎么可能走路呢？男孩试了一次又一次，都没有成功。看着男孩倔强的样子，医生劝他："还是坐在轮椅上吧！以你现在的身体状况，是绝对不可能站起来的。"听到这话，母亲忍不住大声痛哭起来。男孩颓然地倒在床上，他一动不动地盯着天花板，没有任何表情，谁也不知道他在想什么。

在以后的日子里，父母看见儿子终日试图伸直双腿，不管在床上，还是在轮椅上，累了就歇一会儿，然后接着练。就这样足足坚持了两年多，男孩终于可以伸直右腿了。这下，家人对他都有了信心，只要有机会，大家都会帮着男孩练习。一段时间后，男孩竟然可以下地了，但他只能一瘸一拐地走路，很难保持平衡，走几步就会摔倒。又过了几个月，男孩能正常走路了，虽然拉伸肌肉让他疼得说不出话来，但这是生命的奇迹，也是信心的奇迹，更是钢铁般意志所创造的奇迹。精神的力量到底有多大，谁也说不清楚，但有一点可以肯定，那就是：精诚所至，金石为开。这时，男孩想起医生说过自己再也不可能走路的话，但现在，自己做到了，他不由得脸上露出笑容。这个胜利促使他做出一个更大胆而伟大的决定：从明天开始，每天跟着农场上的小朋友跑步，直到追上他们为止。

经过不懈锻炼，男孩腿上松弛的肌肉终于再次变得健康起来，多年之后，他的腿和从前一样强壮，仿佛从来没有发生过那次意外。男孩进入大学后，参加了学校的田径赛，他的项目是一英里赛跑，因为他立志成为一名长跑选手。从此以后，男孩的一生都和长跑运动紧密相连。这个被医生判定永远不能再走路的男孩，就是美国最伟大的长跑选手之———格连·康宁罕。

人的一生，都会遇到生命的低谷，这是人生用来考验我们的一份最高含金量的试卷，只有经历过磨砺的人生，才会光芒四射！因为，命运在赐予我们各种打击的同时，往往也把开启成功之门的钥匙，放到了我们的手中。厄运是不幸的，但是如果我们选择逃避，那么它就会像疯狗一样一直追逐着我们；如果我们直起身子，挥舞着拳头向它大声吆喝，它就只有夹着尾巴灰溜溜地逃走。只要你拥有对生命的热爱，苦难就永远奈何不了你。

## 信念达到了顶点，就能够产生惊人的效果

信念是不值钱的，它有时甚至是一个善意的欺骗，然而你一旦坚持下来，它就会迅速升值。

信念是欲望人格化的结果，是一种精神境界的目标。信念一旦确定，就会形成一种成就某事或达到某种预期的巨大渴望，这种渴望所激发出来的能量，往往会超出我们的想象。由信念之火所点燃的生命之灯是光彩夺目的。

美国的罗杰·罗尔斯是纽约的第53任州长，也是纽约历史上的第一位黑人州长。他出生于纽约声名狼藉的大沙头贫民窟。那里环境肮脏，充满暴力，是偷渡者和流浪汉的聚集地。他也从小就学会了逃学、打架，甚至偷窃。直到一个叫皮尔·保罗的人当了罗杰·罗尔斯那座小学的校长。

有一天，罗杰·罗尔斯正在课堂上捣乱，校长就把他叫到了

身边，说要给他看手相。于是罗尔斯从窗台上跳下，伸着小手走向讲台，皮尔·保罗先生说，我一看你修长的小拇指就知道，将来你是纽约州的州长。当时，罗尔斯大吃一惊，因为长这么大，只有他奶奶让他振奋过一次，说他可以成为5吨重的小船的船长。这一次，皮尔·保罗先生竟说他可以成为纽约州的州长，着实出乎他的预料。他记下了这句话，并且相信了它。

从那天起，纽约州州长就像一面旗帜飘扬在他的心间。他的衣服不再沾满泥土，他说话时也不再夹杂污言秽语，他开始挺直腰杆走路，他成了班主席。在以后的几十年里，他没有一天不按州长的身份要求自己。51岁那年，他真的成了州长。在他的就职演说中有这么一段话，他说："信念值多少钱？信念是不值钱的，它有时甚至是一个善意的欺骗，然而你一旦坚持下来，它就会迅速升值。这正如马克·吐温所说的：信念达到了顶点，就能够产生惊人的效果。"

信念不但能够唤起一个人的信心，更能够延续一个人的信心，它既是信心的开始，也是信心的归宿。但是，信心时常有，信念却不常有，所以成功的人总是少数。随大流的人，把握不住自己的人，看不清趋势的人，即使找到信心，也发展不到信念。急功近利的人会在信心走向信念的过程中崩溃，浮躁的人会葬送从信心走向信念的坦途。

成功者的人生轨迹告诉我们：信念，是立身的法宝，是托起人生大厦的坚强支柱；信念，是成功的起点，是保证人追求目标成功的内在驱动力。信念，是一团蕴藏在心中的永不熄灭的火焰，是一条生命涌动不息的希望长河。

著名的黑人领袖马丁·路德·金说过："这个世界上，没有人能够使你倒下，如果你自己的信念还站立着的话。"所以，信念的力量，在于使身处逆境的你，扬起前进的风帆；信念的伟大，在于即使遭受不幸，亦能召唤你鼓起生活的勇气；信念的价值在于支撑人对美好事物一如既往地孜孜以求。

当然，如果一个人选择了错误的信念，那必将是对生命致命的打击，起码也会让人导致平庸。错误的信念会夺去你的能量、你的欲望和你的未来。曾有研究者做过这样一个实验：他们把善于攻击鲦鱼的梭鱼放在一个玻璃钟罩里，然后把这个玻璃钟罩放进一个养着鲦鱼的水箱中。罩里的梭鱼看到鲦鱼后，立刻发动了几次攻击，结果它敏感的鼻子狠狠地撞到了玻璃壁上。几次惨痛的尝试之后，梭鱼最终放弃，并完全忽视了鲦鱼的存在。当钟罩被拿走后，鲦鱼们可以自由自在地在水中四处游荡，即使当它们游过梭鱼鼻子底下的时候，梭鱼也继续忽视它们。由于一个建立在错误信念基础之上的死结，这条梭鱼终因不顾周围丰富的食物而把自己饿死了。在现实生活中，又有多少错误的信念成了束缚我们的玻璃钟罩呢？

人生是一连串选择的结果，而选择一个正确的信念，会成就我们的一生。弥尔顿说过："心灵是自我做主的地方。在心灵中，天堂可以变成地狱，地狱也可以变成天堂。"人们的生活由自己选定，而幸福，抑或悲哀，全在于心灵的阴晴。强者的天总是蓝的，因为他们坚信乌云终将被驱散；弱者的眼里总是风霜雨雪，漫布着无奈、无望、无尽的悲哀与叹息。人生的变数很多，然而，不管外界多么的不易把握，只要心中升腾着信念的火焰，艰难险阻就都将不复存在。

# 第六章

战胜恐惧，
谁都伤不了你

## 恐惧是人生的大敌

恐惧是人的情感中难解的症结之一。面对自然界和人类社会，生命的进程从来都不是一帆风顺、平安无事的，总会遭到各种各样的挫折、失败和痛苦。当一个人预料将会有某种不良后果产生或受到威胁时，就会产生一种不愉快的情绪，并为此而紧张不安，程度从轻微的忧虑一直到惊慌失措。现实生活中，每个人都可能经历某种困难或危险的处境，从而体验不同程度的焦虑。恐惧作为一种生命情感的痛苦体验，是一种心理折磨。人们往往并不为已经到来的或正在经历的事而惧怕，而是对结果的预感产生恐慌。人们生怕无助、生怕被排斥、生怕孤独、生怕被伤害、生怕死亡的突然降临；同时，人们也生怕失官、生怕失业、生怕失恋、生怕失亲、生怕声誉的瞬息失落。其实，让我们恐惧的这些东西并没有那么可怕，可怕的是恐惧本身，恐惧比什么东西都可怕。

整日游荡在充满各种恐惧的世界里的人会呈现出一副布满焦虑和担忧的脸孔，在他心目中，似乎人生就是永恒的失意。这真是一件令人惋惜的事情！

恐惧虽然阻碍着人们力量的发挥和生活质量的提高，但它并非是不可战胜的。只要人们能够积极地行动起来，在行动中有意识地纠正自己的恐惧心理，那它就不会再成为我们的威胁了。

如果一个人面对令他恐惧的事情时总是这样想："等到没有恐惧心理时再来做吧，我得先把害怕退缩的心态赶走才可以。"这样做的结果往往是把精神全浪费在消除恐惧感上。

恐惧纯粹是一种心理现象，是一个幻想中的怪物，一旦我们认识到这一点，我们的恐惧感就会消失。如果我们都被正确地告知没有任何臆想的东西能伤害到我们，如果我们的见识广博到足以明了没有任何臆想的东西能伤害到我们，那我们就不会再感到恐惧了。

弱者的害怕，是在害怕中充满疑虑；强者的害怕，是在害怕中仍然充满自信。

害怕是人的正常情绪，压抑自己的害怕只会令你更加手足无措；你可以害怕，但是不能输给眼前的敌人。

马克·富莱顿说："人的内心隐藏任何一点恐惧，都会使他受到魔鬼的利用。"美国著名作家、诺贝尔文学奖获得者福克纳说："世界上最懦弱的事情就是害怕，应该忘了恐惧感，而把全部身心放在属于人类情感的真理上。"爱因斯坦说："人只有献身社会，才能找出那实际上是短暂而有风险的生命的意义。"

循着哲人们的脚步，聆听他们智慧的声音，我们还有什么可以恐惧的理由？

勇敢的思想和坚定的信心是治疗恐惧的良药，它能够中和恐惧思想，如同化学家通过在酸溶液里加一点碱，就可以破坏酸的腐蚀性一样。当人们心神不安时，当忧虑正消耗着他们的活力和精力时，他们是不可能获得最佳效率的，是不可能事半功倍地将事情办好的。

所有的恐惧在某种程度上都与人自己的软弱感和力不从心有关，因为此时他的思想意识和他体内的巨大力量是分离的。一旦他开始心力交融，一旦他重新找到了让他自己感到满意和大彻大悟的那种平和感，那么，他将真正体味到做人的荣耀。感受到这种力量和享受到这种无穷力量的福祉之后，他便绝对不会满足于心灵的不安和四处游荡，绝对不会满足于萎靡不振的状态。

在不安、恐惧的心态下仍勇于作为，是克服神经紧张的处方，能使人在行动之中获得活力与生气，渐渐忘却恐惧心理。只要不畏缩，有了初步行动，就能带动第二、第三次的出发，如此一来，心理与行动都会渐渐走上正确的轨道。

恐惧产生的结果多是自我伤害，它不仅让你丧失自信心或战斗力，还能使人被根本不存在的危险伤害。与恐惧相反，勇气和镇定能使人变得强大，能减少或避免危害。所以，在面对危险的时候，一定要临危不乱，牢记勇者无惧的箴言，这样你才能从容面对生活并且走向成功。

## 恐惧的邪恶力量

恐惧是一种对人影响最大的情绪，几乎渗透到人们生活的每个角落，每个人都有惧怕的事情或者情景，而且不少事物或情景是人们普遍惧怕的，如雷电、火灾、地震、生病、高考、失恋等。现实生活中，我们可以看到有的人的恐惧心理异于正常人。这种无缘无故的与事物或情景极不相称、极不合理的异常心理状态，就是恐惧心理。它是一种不健康的心理，严重的即是恐惧症。

因为恐惧是一种企图摆脱困难而苦于无力的情绪，所以一旦寻得摆脱的途径，就会迸发出巨大的力量。

一个美国电气工人，在一个周围布满高压电器设备的工作台上工作。他虽然采取了各种必要的安全措施来预防触电，但心里始终有一种恐惧，害怕遭高压电击而送命。有一天他在工作台上碰到了一根电线，立即倒地而死，身上表现出触电致死者的一切症状：身体皱缩起来，皮肤变成了紫红色与紫蓝色。但是，验尸的时候却发现了一个惊人的事实：当那个不幸的工人触及电线的时候，电线中并没有电流通过，电闸也没有合上——他是被自己害怕触电的自我暗示杀死的。

很多时候，恐惧其实并不能伤害我们。在忐忑不安的心绪的支配下，一种自然而然的焦虑就会在我们的心中积聚起来，转化为恐惧和惊慌失措。在这种情况下，我们就不能充分地享受生活了。因为恐惧，我们不敢去努力争取我们真心想得到的东西。由于害怕失败，我们会拒绝承担责任。由于害怕与他人不一致，我们就可能放弃自身的个性。

另一方面，恐惧会让我们的情绪紧张，这种紧张情绪会让我们排斥现实生活中的困难，然后完全沉浸在我们自己的想象世界里，在这个想象的世界里，他是掌控一切的王者。然而，一旦我们回归到现实生活中，我们就会发现自己可掌控的太少。这种巨大的落差感使得我们痛苦万分。为了逃避这种痛苦，我们只好继续沉溺在想象世界里，完成自己在现实生活中未竟的梦想。因此，我们尽量减少了各种活动，生活条件也削减到无处可退的地步。我们可能独处一室，几乎不出房门一步，或干脆藏身到朋友或亲戚家的地窖里，剩下的唯一可去的地方就是我们内心最深处，但由于我们的内心是恐惧的真正源头，所以一味的逃避最后也成了我们的祸根。

我们恐惧现实，在我们看来，现实中的一切都是汹涌的、吞噬性的力量，整个世界好像就是一个荒诞的噩梦，一种发了疯的景致。在这个荒诞的世界里，我们找不到任何可以给予他们安慰和信心的东西。而且，我们越是透过自己扭曲的感知力看世界，就越是感到恐怖和绝望。

随着其恐惧范围的扩散和恐惧强度的增加，越来越多的现实遭到日益严重的扭曲，以致我们最后什么事都做不了，因为一切都染上了恐怖的味道：天花板随时都会坍塌砸到自己，桌子上的水果刀随时都可能飞过来刺伤自己……总之，他们开始频繁地出现幻听、幻觉，开始觉得自己的身体就像外星人的一样，这让他们感到恐惧，并时刻提高警惕，一刻也安静不下来。结果，他们的身体被弄得疲惫不堪，各种问题堆积在了一起。

随着内心恐惧感的加深，我们越发不相信自己应对世界的能力，越发逃避与外界的接触，逐渐退回到与世隔绝的状态。这个时候，我们已然沦为了恐惧的奴隶，逐渐丧失了对抗的能力。


## 不要输给自己的假想敌

到了一个阴森森、黑漆漆的地方，我们会感到毛骨悚然，心跳加速，好像危险的事就要发生，于是步步惊魂，随时提高警惕，严阵以待，但是到了最后，往往什么事也没发生。自始至终，都是我们自己在吓自己。所有紧张、恐惧的情绪其实全都来自自己的想象。

小光刚到城里打工时，在一家酒吧做服务生。

自从第一天上班，老板便特别提醒小光："我们这一带有一个人，经常来白吃白喝，心情不好的时候，还会把人打得遍体鳞伤，因此，如果你听到别人说他来了，你什么也别想，想尽办法赶快跑就对了。因为这个人实在太蛮横了，不把任何人放在眼里。上一个酒保被他打伤，到现在还躺在医院里。"

某一天深夜，酒吧外面忽然一阵大乱，有人告诉小光说那个经常闹事的人来了。

当时，小光正在上厕所，等到他走出来时，酒吧里的客人、员工早就跑得干干净净，连个影子也见不到了。

这时，只听见"砰"的一声，前门被人踢开了，一个凶神恶煞般的男人大步走进门。他的脸上有一道刀疤，手臂上的刺青一直延伸到后背。

他二话不说，气势汹汹地在吧台前坐了下来，对小光吼道："给我来一杯威士忌。"

小光心想，既然已经来不及逃跑了，不如就试着赔笑脸，尽量讨这个人的欢心，以保全自己吧！于是，他用颤抖的双手，战战兢兢地递给那个男人一杯威士忌。

男人看了小光一眼，一口气把整杯酒饮干，然后重重地把酒杯放下。

看到这一幕，小光的心脏简直快要跳出来了，若不是酒吧里还放着音乐，他的心跳声一定会被人听见。小光勉强鼓起勇气，小声地问道："您……您要不要再来一杯？"

"我没那时间！"男人对着他吼道，"你难道不知道那个喜欢闹事的人就要来了吗？"

不久之后，那个男人就走了，小光这才重重地舒了一口气。小光这才发现，其实那个人并不可怕，只是人们无形之中把恐惧扩大了。

很多时候，人们就像案例中的小光一样，到事情结束后才发现恐惧是自己制造的。

对于我们来说，世界是一个宏大的舞台，其中就有很多镁光灯照不到的地方，而我们有的时候就被迫在这些带给我们不安的黑暗中去跳舞，想象着各种危险，有的时候甚至逃避着这一切。

其实这个社会中不仅只有你一个人面临这些焦虑和恐惧，很多人都曾在某个时刻被突如其来的未知恐惧所打垮。

与陌生人的交往就是这么一种典型状况，我们把陌生人想象成很可怕的样子，然后害怕与他们交往。

一份来自美国的研究资料称，约有40%的美国人在社交场合感到紧张，那些神采奕奕的政界人士和明星，也有手心出汗、词不达意的时候，还有一些人表面上侃侃而谈、镇定自若，实际上手心早已一把汗。

事实上，我们每个人都需要面对自己的焦虑、紧张情绪，如果你承认并接纳这种紧张情绪，你很快就能抛开它。而那些让紧张情绪影响工作和生活的人，则被心理专家定性为患有社交焦虑症或社交恐惧症的人，他们的糟糕表现，往往是因为不能承认自己的焦虑和紧张情绪所致。

对某些事物或情景适当的恐惧，可使人们更加小心谨慎，有意识地避开有害、有危险的事物或情景，从而更好地保护自己，避免遭受挫折、失败和意外事故。过度的恐惧则是最消极的一种情绪，并且总是和紧张、焦虑、苦恼相伴，而使人的精神经常处于高度的紧张状态。严重影响一个人的学习、工作、事业和前途。因此它必然损害健康，引起各种心理性疾病，长期的极端恐惧甚至可使人身心衰竭。

为了自己的健康和进步，有恐惧心理的人必须下定决心，鼓足勇气，努力战胜自己不健康的恐惧心理。

现在，请闭上眼睛，什么都不要想，彻底放松，除去一切的紧张，然后让憎恨、愤怒、焦虑、嫉妒、艳羡、悲痛、烦忧、失望等精神中的一切不利因素离你而去，你会感到轻松无比。

## 不要被恐惧束缚手脚

我们的恐惧情绪，有一部分是来自怕犯错误。我们总是小心翼翼地往前迈进，生怕迈错一步，给自己带来悔恨和失败。其实，错误是这个世界的一部分，与错误共生是人类不得不接受的命运。

错误并不总是坏事，从错误中汲取经验教训，再一步步走向成功的例子也比比皆是。因此，当出现错误时，我们应该像有创造力的思考者一样了解错误的潜在价值，然后把这个错误当作垫脚石，从而产生新的创意。

事实上，人类的发明史、发现史到处充满了错误假设和失败观念。哥伦布以为他发现了一条到印度的捷径；开普勒偶然间得到行星间引力的概念，他这个正确假设正是从错误中得到的；再说爱迪生还知道上万种不能制造电灯泡的方法呢。

错误还有一个好用途，它能告诉我们什么时候该转变方向。比如你现在可能不会想到你的膝盖，因为你的膝盖是好的；假如你折断一条腿，你就会立刻注意到你以前能做且认为理所当然的事，现在都没法做了。假如我们每次都对，那么我们就不需要改变方向，只要继续进行目前的方向，直到结束。

不要用别人走过的路来作为自己的依据，要知道，自己若不去验证，你永远都不知道那是不是一个错误的依据。

其实，你也可以用反躬自问的方式来驱赶错误带给你的恐惧，例如，我从错误中可以学到什么？您可以测试你认为犯下的错误然后把从中得到的教训详列出来。千万别放弃犯错的权力，否则你便会失去学习新事物以及在人生道路上前进的能力。你要牢记，追求完美心理的背后隐藏着恐惧。当然，也有利于追求完美就是无须冒着失败和受人批评的危险。不过，你同时会失去进步、冒险和充分享受人生的机会。说来奇怪，敢于面对恐惧和保留犯错误权利的人，往往生活得更快乐和更有成就。

## 摆脱逃避的沼泽

现实生活中，常有人以逃避来麻醉自己，以减轻痛苦。

有人说"人生最大的错误是逃避"。的确，在成功的道路上，因为恐惧而逃避是一个极大的障碍。心理学家认为，逃避是一种"无法解决问题"的心态和没有勇气面对挑战的行为。在现实生活中，如果畏缩不前，战战兢兢，就永远也看不到成功。

有些人想出去旅行；有些人则努力地寻找快乐，去各种地方，做各种各样的事情。我们也可能会做一些好的工作，但是，在我们能够直面这些事情之前，我们一直是恐惧的、不快乐的。

任务没有完成、问题没有解决、挑战没有应付……就好像旧账没有还一样，最终还是要回来还债，并且交还本息，而它的利息就是品尝自己因为懦弱地离开而种下的苦果。

如果一个人不能在重大的事情上接受生命的挑战，他就不可能心境平和，不可能有快乐的感觉，同样，也不可能摆脱这些困扰。

侗军有着令人羡慕的职业，他是一个因循守旧的人，不习惯面对变化与改革。当他得知自己可能被指派去干他既不熟悉也不喜欢的工作时，潜在的焦虑、恐惧与厌世情绪随即涌上心头。他本来可以去竞争另外一个更适合自己的职位，可是他由于胆怯自卑而失去了竞争的勇气。正是这种逃避竞争、习惯于退缩的心态，使他陷入绝望的深渊之中。这种扭曲的心态和错误的认知观念使他放弃了所有的努力。

其实，人的一生，或多或少都会遇到一些意外和不如意的事情，而我们能否以健康的心态来面对是至关重要的。

生活中，我们常把明天作为逃避今天的心灵寄托，而当明天来临，你的逃避心理又在为另一个明天"起草稿"，这样的人生不失败又能如何？所以，从现在开始就停止你的抱怨、拖延、逃避吧。因为抱怨会赶走机遇，拖延会颓废生命，逃避会让你永远守着今天而看不到明天。

面对竞争，面对压力，面对坎坷，面对困厄，有人选择了逃避，有人选择了面对和征服，结果不言而喻，越是逃避越是躲不开失败的命运，越是敢于迎头而上越是能够品尝成功的甘甜。

有人说，一个人在心理状况糟糕的时候，不是走向逃避和崩溃，就是走向担当和希望。有些人之所以一再的不如意，根本原因就在于他们选择了逃避。如果我们能够善待自己，接纳自己，并不断克服自身的缺陷，克服逃避的心理，我们就能拥有更为美好的人生。

怎样做才能克服逃避心理呢？

首先，要克服自己的怯懦心理。很多人逃避责任不是因为没有能力，而是因为存在怯懦心理。

其次，告别懒惰。懒惰是逃避者的一大通病，任何懒惰的人都不会获得成功。

最后，切实负起责任。一个习惯于逃避的人，必须培养和树立责任心，才有可能勇敢地承担责任，才能去做自己想做的事，否则就会畏首畏尾，永远走不出黑暗。不论遇到什么问题，哪怕是面临失败，也不要灰心丧气，要勇敢地正视它，以积极的态度寻找应变的方法。一旦问题解决了，自信心也会随之增加，逃避的行为就会消失了。

## 直面恐惧才能战胜恐惧

尼克里为了领略山间的野趣，一个人来到一片陌生的山林，左转右转，迷失了方向。正当他一筹莫展的时候，迎面走来了一个挑山货的美丽少女。

少女嫣然一笑，问道："先生是从景点那边迷路的吧？请跟我来吧，我带你抄小路往山下赶，那里有旅游公司的汽车在等着你。"

尼克里跟着少女穿越丛林，阳光在林间映出千万道漂亮的光柱，晶莹的水汽在光柱里飘飘忽忽。正当他陶醉于这美妙的景致时，少女开口说话了："先生，前面一点就是我们这儿的鬼谷，是这片山林中最危险的路段，一不小心就会摔进万丈深渊。我们这儿的规矩是路过此地，一定要挑点或者扛点什么东西。"

尼克里惊问："这么危险的地方，再负重前行，那不是更危险吗？"

少女笑了，解释道："只有你意识到危险了，才会更加集中精力，那样反而会更安全。这儿发生过好几起坠谷事件，都是迷路的游客在毫无压力的情况下一不小心摔下去的。我们每天都挑东西来来去去，却从来没人出事。"

尼克里冒出一身冷汗，对少女的解释十分怀疑。他让少女先走，自己去寻找别的路，企图绕过鬼谷。

少女无奈，只好一个人走了。尼克里在山间来回绕了两圈，也没有找到下山的路。

眼看天色将晚，尼克里还在犹豫不决。夜里的山间极不安全，在山里过夜，他恐惧；过鬼谷下山，他也恐惧；况且，此时只有他一个人。

后来，山间又走来一个挑山货的少女。极度恐惧的尼克里拦住少女，让她帮自己拿主意。少女沉默着将两根沉沉的木条递到尼克里的手上。尼克里胆战心惊地跟在少女身后，小心翼翼地走过了这段"鬼谷"路。

过了一段时间，尼克里故意挑着东西又走了一次"鬼谷"路。这时，他才发现"鬼谷"没有想象中那么"深"，最"深"的是自己想象中的"恐惧"。

很多人都会对"不可能"产生一种恐惧，绝不敢越雷池一步。因为太难，所以畏难；因为畏难，所以根本不敢尝试；不但自己不敢去尝试，认为别人也做不到。

困境中，如果你认为自己完了，那你就永远失去了站立的机会。

一旦勇于面对恐惧之后，绝大多数人立刻就会醒悟：自己拥有的能力竟然远远超过原来的想象！

无论你内心感觉如何，你都要摆出一副赢家的姿态。就算你落后了，保持自信的神色，仿佛成竹在胸，也会让你心理上占尽优势，而终有所成。

不要因为恐惧而不敢去尝试，其实人人都是天生的冒险家。从你出生的那一时刻起到 5 岁之间，在人生第一个 5 年里，是冒险最多的阶段，而且学习能力也比以后更强、更快。

难以想象，在我们的懵懂阶段，整天置身于从未经历过的环境中，不断地自我尝试，学习如何站立、走路、说话、吃饭，等等。在这个阶段的幼儿，无视跌倒、受伤，把一切冒险当作理所当然，也正因为如此，幼儿才能逐渐茁壮成长。

当人的年龄不断增长，经历过许多事情之后，就会变得愈来愈胆小，愈来愈不敢尝试冒险。这是为什么？

其实这是个很简单的道理，大多数人根据过往的经验得知，怎么做是安全的，怎么做是危险的，如果贸然从事不熟悉的事，很可能会对自己产生莫大的威胁。随着年龄的增长，他们越来越安于现状，越来越害怕改变。

行为科学家把这种心态称之为"稳定的恐惧"，也就是说，因为害怕失败，所以恐惧冒险，结果观望了一辈子，始终得不到自己想要的东西。殊不知，凡是值得做的事情多少都带有风险。

危险常常与机会结伴而行。如果听听有成就者的说法，就不难理解一个人在获得成功前，为什么多会遭遇到挫折。一时的挫败并不表示一生的终结，绝不能由于害怕而踌躇不前。为了成功，失败是难以避免的，只要能从失败中吸取教训，此后该怎么做，心里必然一清二楚。

只有直面恐惧，不怕冒险，才能打破恐惧，走向成功。

但由于恐惧心理作祟，很多人宁可躲到一边，远离机会，也不愿意去冒险。恐惧心理有很多类型：担心事情发生变化；害怕遭遇未知的问题；因放弃安定的收入而感到不安，等等。总之，他们认为失败是一件可怕的事。

如果能按照以下几点去做，恐惧将不再发生。

1. 要有必胜的信心

只有自己才能保证自己的将来。工作需按部就班，生意虽有成有败，但知识或经验的价值却永不会消失。一个人只要有信心，无论遭遇什么情况，都不致一筹莫展，而且信心是谁都夺不走的。

小成就的累积，可以培养更大的信心。一个人应该认真地自我反省，努力改进，以建立信心，如此才能在遭遇阻碍时，最大限度地发挥潜力。

2. 冲破恐惧心理

面对伴随冒险的机会时，内心的恐惧就会对你说："你绝对办不到。"

祛除恐惧的办法只有一个，那就是往前冲。假如对机会心怀恐惧，你更应强迫自己去面对它。一旦获得机会，向前迈进，以后碰上更好的机会时，你就不会恐惧了。

3. 不怕失败，勇于接受挑战

如果毅然接受挑战，至少你可以学到一些经验，增长自己的见识。不要怕失败，也不可因此而一蹶不振。敢向中流游去，即使不能立刻获得成功，一定也能学到宝贵的经验，成功只是时间问题而已。一个人只要肯尽力学习，成功的机会就会逐渐增加。

直面恐惧，让自己成为一个冒险家，人生便不再充满黑暗。敢于争取、敢于斗争，你才能给自己争取到成功境界里的一席之地。如果你无法战胜自己的恐惧心理，成功也就永远与你无缘。所以，不要害怕，去勇敢面对荆棘坎坷吧，这样你才会活得有声有色。

## 勇敢去做让你害怕的事

每个人的内心都或多或少存在着害怕或者恐惧，害怕和恐惧会阻碍个人在生活和事业上取得的成功。

害怕具有强大的破坏力，它深藏在你的潜意识当中影响你、束缚你，让你消极地去看待世界。害怕的本质其实是一种内心的恐惧，由于担心被拒绝、被伤害，你的行为就被阻止。而恐惧和自我肯定处于对立的位置，就像跷跷板一样。害怕程度越高，自我肯定程度就愈低。采取行动去提升自我肯定程度，或许就会降低让你裹足不前的恐惧。采取行动去降低你的恐惧，或许就会更加自信，从而获得成功。

要摒除害怕的情绪，就要不断鼓励自己要勇敢行动。举例来说，假如你害怕拜访陌生人，克服害怕的方式就是不断面对它直到这种害怕消失为止。这就叫作"系统化地解除敏感"，是建立信心与勇气最好、最有效的方法。就如同美国散文作家、思想家、诗人拉尔夫·瓦尔多·爱默生所说："只要你勇敢去做让你害怕的事情，害怕终将灭亡。"

勇气往往能给人带来意外的机会，无论是处在逆境或者顺境，勇气都能给你带去力量和指引。在面对各种挑战时，也许失败并不是因为自己智力低下，不是因为缺乏全局观念，也不是因为思维逻辑的问题，而仅仅是因为把困难看得太清楚、分析得太透彻、考虑得太详尽，才会被困难吓倒，举步维艰，因而缺乏勇往直前的力量。

一个人缺乏勇气，就容易陷入不安、胆怯、忧虑、嫉妒、愤怒情绪的旋涡中，结果事事不顺。其实，恐惧无非是自己吓唬自己。世界上并没有什么真正让人恐惧的事情，恐惧只是人们心中的一种无形障碍罢了。摆脱害怕的心态，勇气是最好的解药。

勇气可以给人很多前进和成功的动力，也能帮助人冷静和自省。《勇气的力量》一书的作者认为，"勇气需要培植和坚守，真正的勇气是能够让心灵始终与正义通行"。也唯有如此，我们才能保持生命的力量，勇敢迈向未来。

## 恐惧是心灵的鬼魅

人生的道路是充满风雨和泥泞的。在这条路上，有无数潜藏的危机，因此，生活中有许多人开始产生一种恐惧心理。害怕成了让人不能释怀的情结。

现实生活中每个人都可能经历某种困难或危险的处境，体验不同程度的焦虑。恐惧作为一种生命情感的痛苦体验，是一种心理折磨。人们往往并不为已经到来的，或正在经历的事感到惧怕，而是对未知的结果产生恐慌，人们害怕无助、害怕排斥、害怕孤独、害怕伤害、害怕死亡的突然降临，同时人们也害怕丢官、害怕失职、害怕失恋、害怕丧亲、害怕声誉的瞬息失落。

循着哲人们的脚步，聆听他们智慧的声音，我们可以从中悟出战胜恐惧的方法，逐渐培养强大的内心。

有的学者说："愚笨和不安定产生恐惧，知识和保障却拒绝恐惧。"有的学者进一步指出："知识完备的时候，所有恐惧将统统消失。"古罗马箴言说："恐惧所以能统治亿万众生，只是因为人们看见大地寰宇，有无数他们不懂其原因的现象。"中国宋朝理学家程颢认为："人多恐惧之心，乃是烛理不明。"亚里士多德说得更明确："我们不恐惧那些我们相信不会降临在我们头上的东西，也不害怕那些我们相信不会给我们招致那些事的人，在我们觉得他们还不会危害我们的时候，是不会害怕的。因此，恐惧的意义是：恐惧是由那些相信某事物已降临到他们身上的人感觉到的，恐惧是因特殊的人，以特殊的方式，并在特殊的时间条件下产生的。"显然，恐惧产生于惧怕，但惧怕的形成源于无知，源于对已经历或未经历的事的不认识。

无论作为个人还是作为社会，恐惧都是我们要面对的最大的挑战之一。恐惧既让我们无法充分地展示自我，同时又阻碍着我们爱自己和爱他人。没来由的、荒谬可笑的恐惧会把我们囚禁于无形的监牢里。然而，恐惧有时也可以为我们所用。某些恐惧对于自我的保护乃是必要的。对危险的本能的直觉可以提高我们的警惕，帮助我们调动一切手段来使我们免受伤害。

在危险的环境中，倘若我们丧失了警惕，我们就可能闯进"连天使也害怕涉足的境地"。

如今，先进的通信技术把世界各地发生的事件送进每个家庭，我们已经可以了解到其他地区的文明，于是，我们对不可知物的恐惧与无知的阴影就会逐渐消失。托马斯·亨利·赫胥黎曾谈到这一点，他说："世界有如棋盘，棋子是宇宙间的各种现象，比赛的规则就是我们所谓的大自然法则。对弈的另一方是我们没法见到的。我们只知道他的法则总是公道的、光明正大的和富有耐心的。但通过我们所付出的代价，我们还知道，他绝对不会宽容我们的错误，或对我们的无知做丝毫的让步。"

夏天的傍晚，有个人独自坐在自家后院，与后院相毗邻的是一片宁静的森林。这人的目的，就是要在接近大自然的环境中放松放松，享受一下黄昏时分的宁静。天色渐渐暗下来，他注意到，树林里的风越刮越大了。于是他开始担心，这样的好天气是否还能保持下去。接着，他又听到树林深处传来一些陌生的声音。他甚至猜想，可能有吃人的动物正向他走来。

不大一会儿，这个人满脑子都是这种消极的想法，结果变得越来越紧张。这个人越是让怀疑和恐惧的念头进入他的头脑，他就离享受宁静夏夜的目标越远。

这个人的体验很好地验证了布赖恩·亚当斯的生活法则："恐惧是无知的影子，若抱有怀疑和恐惧的心理，势必导致失败。"

因此要战胜内心的恐惧，我们所要做的就是从内心上正视自己的恐惧，认清它的荒唐无稽之处，然后，毫不犹豫地甩掉它，轻轻松松、潇潇洒洒地生活。

## 敢于冒险的人生有无限可能

其实人世间好多事情，只要敢做，多少会有收获。尤其是在困境中，如果能拿出视死如归的勇气，勇于行动，必能化险为夷，任何困难都将迎刃而解。

可以说，世界上很少有报酬丰厚却不要承担任何责任的便宜事。怕担风险的人，只会让自己和成功无缘。

苹果电脑公司是闻名世界的企业。大家只知乔布斯是苹果电脑创办人，其实 30 年前，他是与两位朋友一起创业的，其中一名叫惠恩的搭档，人称美国最没眼光的合伙人。

惠恩和乔布斯是街坊，大家都爱玩电脑，两个人与另一朋友合作，制造微型电脑出售。这是又赚钱又好玩的生意，三个人十分投入，并且成功制造出"苹果一号"电脑。在筹备过程中，用了很多钱。

这三位青年来自中下阶层家庭，根本没有什么资本可言，大家四处借贷，请求朋友帮忙，惠恩只筹得 1/10 的资本。不过，乔布斯没有怨言，仍成立了苹果电脑公司，惠恩也成为小股东，拥有 1/10 的股份。

"苹果一号"以 660 美元出售，原本以为只能卖出一二十台，岂料大受市场欢迎，总共售出 150 台，收入近 10 万美元，扣除成本及债项，赚了 4.8 万美元。惠恩分得 4800 美元，但在当时已是一笔丰厚的回报。不过，惠恩没有收到这笔红利，只是象征性地拿了 500 美元作为工资，甚至连那 1/10 的股份也不要，就急于退出苹果电脑。

苹果电脑公司后来发展成超级企业，如果惠恩当年就算什么也不做，单单继续持有那 1/10 股权，今时今日，应该有 8 亿至 10 亿美元的身价。事实上，乔布斯的另一位搭档，也是凭股份成为亿万富翁的。

为什么惠恩当年愿意放弃一切？原来他很怕乔布斯，因为对方太有野心了。后来他向传媒说："为什么我要马上离开苹果公司，要回 500 美元就算了？因为我怕乔布斯太过激进，日后可能会令公司负上巨额债项，那时我也要替公司负上 1/10 的责任！"转念间，惠恩终生与财富绝缘，错失了让自己成功的机会。

勇气是人生的发动机，勇气能创造奇迹，勇气能战胜一切困难。试想，如果我们事事都能拿出破釜沉舟的勇气和决心，那么世间还有什么困难而言！

## 苦难不可怕，可怕的是恐惧的心

每个人心中都应有两盏灯光，一盏是希望的灯光；一盏是勇气的灯光。有了这两盏灯光，我们就不怕海上的黑暗和波涛的险恶了。

如果你要选择成功，那么，你同时要选择坚强。因为一次成功总是伴随着许多失败，而这些失败从不怜惜弱者。没有铁一般的意志，你就不会看到成功的曙光。生活告诉我们，怯懦者往往被灾难打垮、吓退，坚强者则大步向前。

据说有一个英国人，生来就没有手和脚，竟能如常人一般生活。有一个人因为好奇，特地拜访他，看他怎样行动，怎样吃东西。那个英国人睿智的思想、动人的谈吐，使那个客人十分惊异，甚至完全忘掉了他是个残疾人。

巴尔扎克曾说过："挫折和不幸是人的晋身之阶。"悲惨的事情和痛苦的境况是一所培养成功者的学校，它可以使人神志清醒，遇事慎重，改变举止轻浮、冒失逞能的恶习。上帝之所以将如此之多的苦难降临到世上，就是想让苦难成为智慧的训练场、耐力的磨炼所、桂冠的代价和荣耀的通道。

所以，苦难是人生的试金石。要想取得巨大的成功，就要先懂得承受苦难。在你承受得住无数的苦难相加的重量之后，才能承受成功的重量。

当你碰到困难时，不要把它想象成不可克服的障碍。因为，在这个世界上没有任何困难是不可克服的，只要你敢于扼住命运的咽喉。贝多芬28岁便失去了听觉，耳朵聋到听不见一个音节的程度，但他为世界留下了雄壮的《第九交响曲》。托马斯·爱迪生是聋人，他要听到自己发明的留声机唱片的声音，只能用牙齿咬住留声机盒子的边缘，使头盖骨骨头受到震动而感觉到声响。不屈不挠的美国科学家弗罗斯特教授奋斗 25 年，硬是用数学方法推算出太空星群以及银河系的活动变化。他是个盲人，看不见他热爱了终生的天空。塞缪尔·约翰生的视力衰弱，但他顽强地编纂了全世界第一本真正伟大的《英语词典》。达尔文被病魔缠身 40 年，可是他从未间断过改变了整个世界观念的科学预想的探索。爱默生一生多病，但是他留下了美国文学第一流的诗文集。

如果上帝已经开始用苦难磨砺你，那么，能否通过这次考验，就看你是不是能扼住命运的咽喉，走出一条绚丽的人生之路了。

与苦难搏击，会激发你身上无穷的潜力，锻炼你的胆识，磨炼你的意志。也许，身处苦难之时，你会倍感痛苦与无奈，但当你走过困苦之后，你会更加深刻地明白：正是那份苦难给了你人格上的成熟和伟岸，给了你面对一切无所畏惧的勇气。

苦难，在不屈的人们面前会化成一种礼物，这份珍贵的礼物会成为真正滋润你生命的甘泉，让你在人生的任何时刻，都不会轻易被击倒！

## 镇静让恐惧退缩

瑞士英雄威廉·退尔的故事发生在 14 世纪初，那时瑞士人正在为争取独立而同奥地利统治者做斗争。这是一个在强权面前保持镇静和勇敢的故事。

瑞士人过去并不像今天这样自由和幸福。许多年以前，有一个名叫盖斯勒的暴君统治着他们，让他们饱尝痛苦。

一天，这个暴君在公共广场竖起了一个高高的杆子，把自己的帽子放在上面。然后他下令每一个进城的人都必须向它鞠躬。但是有一个名叫威廉·退尔的人却没有这样做。他双手交叉放在胸前，站在那里嘲笑上面晃来晃去的帽子。他绝不会向盖斯勒卑躬屈膝。

盖斯勒听说了这件事后，大为恼火。他害怕其他人也会这样不听话，那么很快整个瑞士就会起来反对他。于是他决心惩罚这个胆大妄为的人。

威廉·退尔的家在山中，他是个出名的猎手。整个瑞士没有人的弓箭功夫能胜过他。盖斯勒知道这一点，于是他想出一个残忍的方法，让这个猎手尝尝自己的技艺带来的痛苦。他下令让退尔的小儿子站在广场上，头上放一个苹果，然后再让退尔用箭把苹果射下来。

"你是要我杀了我的孩子？"他问道。

"不要再说了，"盖斯勒说道，"你必须一箭射下那个苹果。如果你失败了，我的士兵就会在你面前杀死你的儿子。"于是，退尔一言不发，把箭搭上弓。他瞄准目标，把箭射了出去。

小男孩稳稳地站着，一动也没动。他并不害怕，因为他相信父亲的功夫。

"嗖"的一声箭划过空中，正中苹果的中心，把它射落在地。人们看到后，纷纷欢呼起来。

当退尔转过身走开时，一支藏在他外套下的箭掉在了地上。

"你这家伙！"盖斯勒喊道，"你的第二支箭是什么意思？"

"暴君！"退尔自豪地回答，"假如我伤到了我的孩子，这第二支箭就是给你的。"

然后，故事的结尾又是老生常谈：此后没过多久，退尔果然用箭射杀了暴君，他因此成为民族英雄。

故事中的退尔即使面对危难，也没有一丝一毫的害怕和恐慌，而是利用自己的镇静战胜了困难，成就了自己。所以，在面对危难的时候，一定要镇静，因为你越慌乱就越想不出来解决的办法。

理查三世和亨利准备决一死战，这场战斗将决定谁来统治英国。战斗开始前的一天早上，理查派一个马夫备好自己最喜欢的战马。

"快点儿给它钉掌，"马夫对铁匠说，"国王希望骑着它打头阵。"

"你得等等，"铁匠回答，"前几天给所有的战马都钉了掌，铁片没有了。"

"我等不及了！"马夫不耐烦地叫道。

铁匠埋头干活，他找来四个马掌，把它们砸平，整形，固定在马蹄上，然后开始钉钉子。钉了三个掌后，他发现没有钉子来钉第四个掌了。

"我缺几个钉子，"他说，"需要点儿时间砸两个。"

"我告诉过你我等不及了！"马夫急切地说。

"我能把马掌钉上，但是不能像其他几个那么牢固。"铁匠想了想，补充说。

"能不能挂住？"马夫问。

"应该能，"铁匠回答，"但我没把握。"

"好吧，就这样，"马夫叫道，"快点儿，要不然国王会怪罪的！"

就这样，铁匠在马夫的催促下，匆匆忙忙地挂上了第四个铁掌。

战斗打响了，两军交上了锋。远远地，理查国王看见在战场另一头自己的几个士兵退却了。兵败如山倒，如果别的士兵看见他们这样，也会后退的，所以理查快速冲向那个缺口，召唤士兵调头战斗。

理查国王冲锋陷阵，鞭策士兵迎战敌人，突然，一只马掌掉了，战马跌倒在地，理查也被掀翻在地上。国王还没有抓住缰绳，惊恐的畜生就跳起来逃走了。理查环顾四周，他的士兵纷纷转身撤退，亨利的军队包围了上来。

他在空中挥舞宝剑，大喊道："马！一匹马，我的国家倾覆就因为这一匹马。"

镇静，是勇敢性格的一种表现。能于非常情况下做到镇静自若的人，必定是一个具有超常勇气的人。鲁迅先生说："伟大的心胸，应该表现出这样的气概——用笑脸来迎接悲惨的厄运，用百倍的勇气来应对一切的不幸！我们应该具有这样的心胸和勇气！"镇静，让我们不轻易被危险吓倒；镇静，是一份闲庭信步的自若；镇静，是内心里非凡力量的体现；镇静，能产生令人难以置信的魄力……

第七章

DI QI ZHANG

提高心理韧性，
跌得越重反弹力越大

## 最不能缺少的是冷静

冲动是魔鬼。冷静使大脑清醒，使双眼敏锐，使举动合理，使心灵明净，让你受益无穷。只有冷静的人才会更准确地做出判断，只有冷静的人才懂得理解他人，只有冷静的人才不会轻易地伤害身边的人。

什么样的人是美国青少年心中的楷模？这个问题的答案千奇百怪。然而，在当今的美国，却有一种传统形象赢得了大多数人的认可。20世纪90年代，一个美国青年成为美国，特别是美国青少年心中的楷模。为什么会如此呢？一位学者做了概括：人们除了佩服汤姆森的勇气和忍耐力外，还佩服他的冷静。

18岁的约翰·汤姆森是一位高中学生，他住在北达科他州的一个牧场。1992年1月11日，他独自在父亲的农场里干活。当他在操作机器时，不慎在冰上滑倒了，他的衣袖绊在机器里，两只手臂被机器切断。

汤姆森忍着剧痛跑到400米外的一座房子，他用牙齿打开门闩。他爬到电话机旁边，但是无法拨电话号码。怎么办？他用嘴咬住一支笔，一下一下地拨动，终于要通了他表兄的电话。表兄马上通知了附近的有关部门。

明尼阿波利斯市的一所医院为汤姆森进行了断肢再植手术。他住了一个半月的医院，便回到自己的家里。不久，他能微微抬起手臂，做一些简单动作。于是，他回到学校上课，他的全家和朋友们为他感到自豪。

　　汤姆森的故事还有这样一个细节：他把断臂伸在浴盆里，为了让血不白白流走。当救护人员赶到时，他被抬上担架。临行前，他冷静地告诉医生："不要忘了把我的手带上。"

　　汤姆森因为冷静不但挽救了自己的性命，还免于失去双臂。在生死攸关的时候能保持这样的冷静，的确难能可贵。人若拥有冷静的头脑，不但可以让自己避免犯一些不必要的错误，更能赢得他人的尊重。

　　只要我们低估或高估自己的力量，都会做出错误的判断，从而影响我们的工作和生活。这个世界上，最了解你的人不会是别人，而是你自己。所以，保持冷静的头脑就成为人生的关键。

　　如果你还不能够做到保持冷静，那么建议你看看大仲马的《基督山伯爵》这本书。看完了，你就可以体会什么是冷静：当一个被诬陷而身陷牢狱十多年的人获得自由的时候，当他面对昔日的恩人和仇人的时候，他不是激动地进行了快意的恩仇了结，而是冷静思考，从关键入手，用最完美的方式给予恩人最值得欢欣的回报，用最打击人的方式给予仇人今生都不会忘记的痛苦与悔恨。相信你可以在这本书里，明白什么才是真正的冷静。

冷静使大脑清醒，使双眼敏锐，使举止合理，使心灵明净，让你受益无穷。只有冷静的人才会更准确地做出判断，只有冷静的人才懂得理解他人，只有冷静的人才不会轻易地伤害身边的人。

当你开始关心身边的每一个人，宽容犯了错误的人，尊重他们，完全融入每一个人所创造的温暖，感悟身边的每一缕爱意，无私地伸出自己的友爱之手……这时，脑总是清醒的，眼总是明亮的，心总是宁静的，你就会冷静。

## 甩掉你的消极，乐观面对

对你的人生，如果只看到消极的一面，可能会使你错过许多机会。你忽视的一些问题，反而可能会改善你的人际关系和生活质量。如果你一直有一个悲观的世界观，那么你的注意力可能永远不会转移到对你有利的一面。

人在不能改变环境的时候就要改变自己的心态，因为只要及时改变心态就一定会拥有积极向上的行为，那时，再苦的日子也是甜的，你会发现其中有很多让自己心情愉悦的事情。所以说，生活的艺术就是把苦日子过甜的艺术。

乐观是一种健康的心态，乐观的人心胸宽广，能苦中作乐，在忍受中享受小小的幸福。谁都可以把苦日子过甜，但一味地发牢骚只会过得更加辛苦。其实很多时候，生活并没有亏待我们，而是我们祈求太多以至忽略了生活本身。

在美国西雅图一个普通的卖鱼市场，摊贩们天天在这充斥着臭气的环境中工作，他们也曾经抱怨过命运的不公。但是后来，他们意识到再多的抱怨都无济于事，唯一能拯救他们的，只有他们自己。

于是他们开始转变心态，对自己的工作从厌恶转变为欣赏，用最灿烂的笑容迎接来自四面八方的客人。他们不再抱怨生活，而是把卖鱼当成一种艺术。他们个个面带笑容，像棒球队员，让冰冻的鱼儿像棒球一样，在空中飞来飞去，大家互相唱和。他们的微笑感染了那些脸上布满阴云的人们，他们把快乐传递给了每一个人。这一群摊贩在苦难的生活面前，显示了人生的大智慧。

最终大家齐心协力，把以前气氛沉闷的鱼市，变成了欢乐的游乐场。附近的上班族也被他们感染，常到鱼市来和鱼贩用餐，感受他们快乐工作的好心情。每个愁眉不展的人进了这个鱼市，都会笑逐颜开地离开，还会情不自禁地买下鱼货，自然，鱼市的销售额也因此渐渐增长。

如果你觉得悲观情绪左右着你的判断，你开始对未来失去信心的时候，不要忘了提醒自己时间正在一分一秒地流逝。悲观本质上是不切实际的，因为它让你在还没有发生、并且也不一定会发生的事情上浪费了时间，它阻碍了你完成应该完成的事情。

常言道，人生不如意事十有八九。本来生活中那幸福的"一二"就不多，你再盯着那不如意的"八九"看岂不是自讨苦吃？所以我们应该学会忘却伤痛，珍惜现有，不要做自以为是的可怜虫。看淡名利、金钱、苦难，一切不过如此罢了，学会苦中作乐，用乐观积极的态度让心灵得到净化和陶冶，少些浮躁，就能拥有阳光人生。

## 别做无谓的坚持，要学会转弯

当不幸降临的时候，并不是路已经到了尽头，而是在提醒你：你该转弯了。

常有人说：朝着你的目标，坚持到底，你一定会成功的。不坚持肯定不能成功，但是坚持了就一定会成功吗？

马嘉鱼很漂亮，银色的皮肤，燕尾，大眼睛，平时生活在深海中，春夏之交潮流产卵，随着海潮游到浅海。渔人捕捉马嘉鱼的方法挺简单：用一个孔目粗疏的竹帘，下端系上铁浮，放入水中，由两只小艇拖着，拦截鱼群。马嘉鱼的"个性"很强，不爱转弯，即使闯入罗网之中也不会停止，所以一只只"前赴后继"

陷入竹帘孔中。孔收缩得越紧，马嘉鱼就愈被激怒，瞪起眼睛，更加拼命往前冲，结果被牢牢卡死，为渔人所获。

常有人一方面抱怨人生的路越走越窄，看不到成功的希望，另一方面又因循守旧、不思改变，习惯在老路上继续走下去。这不是有些像马嘉鱼吗？

其实，当你失败时，你不一定非要做无谓的坚持，如果调整一下目标，改变一下思路，往往会柳暗花明，豁然开朗。当不幸降临的时候，并不是路已经到了尽头，而是在提醒你：该转弯了。

克利斯朵夫·李维以主演《超人》而蜚声国际影坛，然而1995年5月，在一场激烈的马术比赛中，他意外坠马，成了一个高位截瘫者。当他从昏迷中苏醒过来时对大家说的第一句话就是："让我早日解脱吧。"出院后，为了让他散散心，舒缓肉体和精神的伤痛，家人推着轮椅上的他外出旅行。

一次，汽车正穿行在蜿蜒曲折的盘山公路上，克利斯朵夫·李维静静地望着窗外，他发现，每当车子即将行驶到无路的关头时，路边都会出现一块交通指示牌："前方转弯！"而转弯之后，前方照例又是柳暗花明，豁然开朗。山路弯弯，峰回路转，"前方转弯"几个大字一次次冲击着他的眼球，他恍然大悟：原来，不是路已到尽头，而是该转弯了。他冲着妻子大喊："我要回去，我还有路要走。"

从此，他以轮椅代步，当起了导演。他首次执导的影片就荣获了金球奖。他还用牙咬着笔，开始了艰难的写作。他的第一部书《依然是我》一问世，就进入了畅销书排行榜。同时，他创立了一所瘫痪病人教育资源中心，他还四处奔走为残疾人的福利事业筹募善款。

美国《时代周刊》曾以《十年来，他依然是超人》为题报道了克利斯朵夫·李维的事迹。在文章中，李维回顾他的心路历程时说："原来，不幸降临时，并不是路已到尽头，而是在提醒你该转弯了。"

转弯不是逃避。有人做一件事失败了，就转弯做别的，就有人说这人没有毅力。其实天生我才必有用，东方不亮西方亮。失败并不可怕，可怕的是你因循守旧地继续失败。转弯是为了寻找更好的道路而成功，并不是逃避，没有毅力。

一个人可以选择自己的理想，可以选择自己的方向，但对于遭遇是无法选择的，也是无法预料的。遇到挫折要学会转弯，转过这个弯，人生的风景又是另一番景致。

路在脚下，更在心中，心随路转，心路常宽。学会转弯也是人生的大智慧，挫折往往是转折，危机同时也是转机。

## 没有绝对的好事，也没有绝对的坏事

没有绝对的好事，也没有绝对的坏事，生活的意义就是不断地品味，不断琢磨。

从前，有一个很会治理国家的国王，他有一个非常聪明的丞相，每当国家有什么重要大事的时候，他都会谦虚地向丞相请教，但无论国王问什么事情，这个丞相总爱说"好"。这令国王非常生气，他要找个理由治治丞相的这个毛病。

有一次，国王在打猎的时候，不小心被猎刀斩断了一截拇指，他连忙问丞相："我的拇指被斩断了一截，好不好？"丞相不假思索地回答："好！国王陛下。"这个回答使国王满腔怒火，他以落井下石为罪名将丞相关了起来，并问丞相："现在你被关在牢房里了，好不好？"丞相毫不犹豫地回答："好！"国王说："既然你觉得好，便在牢房里多住几天吧！"

过了两天，国王又想外出打猎了，他不想释放这个倔强的丞相，只好一个人单独出发了。没有熟悉地形的丞相做伴，国王很快迷了路，并且掉进了一个捕捉动物的陷阱里。

这个陷阱是当地的一个食人族部落挖的。当天晚上，食人族的几名大汉把赤身裸体的国王绑在了一个十字架上，然后在周围堆满了木材，准备吃烤人肉。一名巫师引导着众人举行了祭礼，他把清水喷到国王身上，逐步检查他身体的各个部位。

当他检查到国王的手指时，这个巫师开始摇头叹息。检查完毕，巫师向酋长报告说："我们族人只吃完整的动物，这个人断了一根指头，是个不祥之物，我们不能吃他。"酋长不得已，只好放了国王。

国王白白捡回了一条命，非常激动，回去后第一件要做的事情就是到监牢里看望丞相。他流着泪说："现在我明白了你为什么说我的断指是件好事，它救回了我一条命，我错怪了你。"稍后，国王又心有不甘地问丞相，"我把你关在牢里十多天，好不好呢？"

丞相回答："好，很好！"

"为什么呢？"国王问。

"我尊敬的陛下，如果您不抓我进监牢，我一定会随从您去打猎，我们会一起被食人族抓走，您可以因为断指而保全性命，但我必死无疑，因为我很完整呀！"

国王听后，顿觉茅塞顿开：每件事都有它的两面性，好和坏是随时可以转换的呀。

天下没有绝对的好事，也没有绝对的坏事，任何事情的好与坏总是相对的。富足优越的生活更容易让人丧失上进心，而一贫如洗的日子更能激发人们去奋斗，所以，对于一件事，我们很难分辨究竟孰好孰坏。当一个人面对所谓的坏事时，只要你认真去发掘其中的好处，就能化险为夷，化危机为转机。

## 低谷的短暂停留，是为了向更高峰攀登

随着最后一棒雷扎克触壁，美国队在北京奥运会游泳男子4×100米混合泳接力比赛中夺冠了，并打破了世界纪录！泳池旁的菲尔普斯激动得跳起来，和队友们紧紧拥抱在一起。这也是菲尔普斯本人在北京奥运会上夺得的第8枚金牌，可谓是前无古人。菲尔普斯已经彻底超越了施皮茨，成为奥运会的新王者。

如果说一个人的一生就像一条曲线，那么，北京奥运会上的菲尔普斯无疑达到了人生的一个新高峰；如果说一个人的一生就像四季轮回，那么，北京奥运会上的菲尔普斯必定是处在灿烂热烈、光芒四射的夏季。在2008年北京的水立方，菲尔普斯创造了令人大为惊叹的8金神话，无比荣耀地登上了他人生的巅峰。

而2009年2月初，当北半球大部分国家还被冬天的低温笼罩时，从美国传出了一条让菲迷们更觉冰冷的消息，菲尔普斯吸食大麻！菲迷们伤心了，媒体哗然了，菲尔普斯竟以"大麻门"的方式再次让人们瞠目结舌。

北京奥运会后，菲尔普斯完全放弃了训练，流连于各个俱乐部、夜店，继而沉醉于赌城拉斯维加斯豪赌，私生活可谓糜烂。他也不再严格控制饮食，导致体重增加了至少6公斤。《纽约时报》说，"这是有史以来最胖的菲尔普斯，他更像是明星，而不是运动员"。

尽管"大麻门"曝光后，菲尔普斯痛心疾首，向公众真诚致歉并表示会痛改前非，很多热爱飞鱼的菲迷们都采取了宽容的态度，美国泳协也仅对菲尔普斯禁赛三个月。但事情既然发生，就不得不引发人们深深的思考。

　　相比于风光无限的 2008 年夏季，2008 年底到 2009 年初，菲尔普斯似乎在走下坡路，他的人生也似乎走进了寒冷的冬季。喜欢他的人们帮他解脱，比如年少无知、交友不慎，比如生活单调、压力过大。其实和菲尔普斯相比，现实生活中很多人的生活轨迹又何尝不是如此呢，春风得意，自我膨胀，然后屡犯错误，最后跌入人生的低谷。无论是主观原因还是客观因素，成功的背后总会有失败的影子，得意过后总会伴着失意，有顺境就有逆境，有春天也会有冬季，这似乎是人生无可置疑的辩证法。

　　人生就像四季，有着寒暑之分，也会有冷暖交替的变化。情场失意、工作不得志、与家人无法沟通、在同事中不被认同、亲人病危……当我们面临人生的"冬季"时，不可避免地会陷入情绪的低潮，并经常在低潮与清醒中来回摇摆。其实，当一个人处于人生中的"冬季"时，正是好好反省、重新认识自己的时候，因为在所谓清醒的时刻，往往并非是真正的清醒。不管是刻意压抑或是在潜意识中，都会在有意或无心的时候，否定了内心种种孤寂、空虚的感受，也压抑了由恐惧所引起的各种负面情绪。

　　当然，一般人也想过办法来解决这样的问题，有人尝试各种各样的方法，只是到了最后，还是不忘提醒自己这样的话："书上写的、朋友说的我都懂，不过，懂是一回事，能不能做又是另外一回事！"就这样，不是畏惧改变，就是不耐于等待，而错失了反省自己的机会！

人在顺境时得意是非常自然的事情，但是能在低谷中苦中寻乐，或是让心情归于平静去认识平常疏于了解的自己，才能帮助自己成长。

生活中的"冬季"就像开车遇到红灯一样，短暂的停留是为了让你放松，甚至可以看看是否走错了方向。人生是长途旅行，如果没有这种短暂的休息，也就无法精力充沛地未完的旅程。生命有高潮也有低谷，低谷的短暂停留是为了整顿自我，向更高峰攀登。

## 人这一辈子总有一个时期需要卧薪尝胆

人生不如意事十之八九，即使是一个十分幸运的人，在他的一生中也总有一个或几个时期处于十分艰难的情况下，总能一帆风顺的时候几乎没有。看一个人是否成功，我们不能看他成功的时候或开心的时候怎么过，而要看其在不顺利的时候，在没有鲜花和掌声的落寞日子里怎么过。有句话是这么说的："在前进的道路上，如果我们因为一时的困难就将梦想搁浅，那只能收获失败的种子，我们将永远不能品尝到成功这杯美酒芬芳的味道。"

在中国商界，史玉柱代表着一种分水岭。

20世纪90年代，史玉柱是中国商界的风云人物。他通过销售巨人汉卡迅速赚取超过亿元的资本，凭此赢得了巨人集团所在地珠海市第二届科技进步特殊贡献奖。那时的史玉柱事业达到了顶峰，自信心极度膨胀，似乎没有什么事做不成。也就是在获得诸多荣誉的那年，史玉柱决定做点"刺激"的事：要在珠海建一座巨人大厦，为城市争光。

大厦最开始定的是18层，但之后，大厦层数节节攀升，一直飚到72层。此时的史玉柱就像打了鸡血一样，明知大厦的预算超过10亿，手里的资金只有2亿，还是不停地加码。最终，巨人大厦的轰然倒地让不可一世的史玉柱尝尽了苦头。他曾经在最后的关头四处奔走寻觅资金，但"所有的谈判都失败了"。

随之而来的是全国媒体的一哄而上，成千上万篇文章骂他，欠下的债也是个极其恐怖的数字。史玉柱最难熬的日子是1998年上半年，那时，他连一张飞机票也买不起。"有一天，为了到无锡去办事，我只能找副总借，他个人借了我一张飞机票的钱，1000元。"到了无锡后，他住的是30元一晚的招待所。女招待员认出了他，没有讽刺他，反而给了他一盆水果。那段日子，史玉柱一贫如洗。如果有人给那时的史玉柱拍摄一些照片，那上面的脸孔必定是极度张狂到失败后的落寞，焦急、忧虑是史玉柱那时最生动的写照。

经历了这次失败，史玉柱开始反思。他觉得性格中一些癫狂的成分是他失败的原因。他想找一个地方静静，于是就有了一年多的南京隐居生活。

在中山陵前面的一块地方，有一片树林，史玉柱经常带着一本书和一个面包到那里充电。那段时间，他读了洪秀全等人的许多书，在史玉柱看来，这些书都比较"悲壮"。那时，他每天十点多左右起床，然后下楼开车往林子那边走，路上会买好面包和饮料。部下在外边做市场，他只用手机遥控。晚上快天黑了就回去，在大排档随便吃一点，一天就这样过去了。

后来有人说，史玉柱之所以能"死而复生"，就是得益于那时候的"卧薪尝胆"。他是那种骨子里希望重新站起来的人。事业可以失败，精神上却不能倒下。经过一段时间的修身养性，他逐渐找到了自己失败的症结：之前的事业过于顺利，所以忽视了许多潜在的隐患。不成熟、盲目自大，野心膨胀，这些，就是他性格中的不安定因素。

他决心从头再来，此时，史玉柱身体里"坚强"的秉性体现出来。他在那次珠峰以及多次"省心"之旅后踏上了负重的第二次创业。这次事业的起点是保健品脑白金。

因为之前的巨人大厦事件，全国上下已经没有几个人看好史玉柱。他再次的创业只是被更多的人看作赌徒的又一次疯狂。但脑白金一经推出，就迅速风靡全国，到2000年，月销售额达到1亿元，利润达到4500万。自此，巨人集团奇迹般地复活。虽然史玉柱还是遭到全国上下诸多非议，但不争的事实却是，史玉柱曾经的辉煌确实慢慢回来了。

赚到钱后，他没想到为自己谋多少私利，他做的第一件事就是还钱。这一举动，再次使其成为众人的焦点。因为几乎没有人能够想到史玉柱有翻身的一天，更没想到这个曾经输得一贫如洗的人能够还钱。但他确实做到了。

认识史玉柱的人，总说这些年他变化太大。怎么能没有变化呢？一个经历了大起大落的人，内心总难免泛起些波澜。而对于史玉柱，改变最多的，大概是心态和性格。几番沉浮，很少有人再看到他像早些年那样狂热、亢奋、浮躁，更多的是沉稳、坚忍和执着。即使是十分危急的关头，他也是一副胸有成竹、不慌不忙的样子。

回想自己早年的失败时，史玉柱曾特意指出，巨人大厦"死"掉的那一刻，他的内心极其平静。而现在，身价百亿的他也同样把平静作为自己的常态。只是，这已是两种不同的境界。前者的平静大概象征一潭死水，后者则是波涛过后的风平浪静。起起伏伏，沉沉落落，有些人生就是在这样的过程中变得强大和不可战胜。良好的性情和心态是事业成功的关键，少了它们，事业的发展就可能徒增许多波折。

人生难免有低谷的时候，在这样的时刻，我们需要的就是忍受寂寞，卧薪尝胆。就像当年越王勾践那样，三年的时间里，作为失败者他饱受屈辱，被放回越国之后，他选择了在寂寞中品尝苦胆，铭记耻辱，奋发图强，最终得以雪耻。

不要羡慕别人的辉煌，也不要眼红别人的成功，只要你能忍受寂寞，满怀信心地去开创，默默付出，相信生活一定会给你丰厚的回报。

## 最糟也不过是从头再来

如果看看世界上那些成功人士的生平经历就会发现，那些声震寰宇的伟人，都是在经历过无数的失败后，又重新开始拼搏才获得最后的胜利的。

这个世界上大多数人都失败过，一些人越战越勇，排除万难迎来了成功，而另外一些人却从此一蹶不振，陷入了人生的泥沼。其实，所有的不幸都不可怕，可怕的是我们丧失了斗志，失去了面对的勇气。只要我们的生命还在，跌倒了就爬起来，所有的伤痛就都可以疗愈。

有一首诗写道："白云跌倒了，才有了暴风雨后的彩虹；夕阳跌倒了，才有了温馨的夜晚；月亮跌倒了，才有了太阳的光辉。"

在坚强的生命面前，失败并不是一种摧残，也并不意味着你浪费了时间和生命，而恰恰是给了你一个重新开始的理由和机会。

一次讨论会上，一位著名的演说家面对会议室里的200个人，手里高举着一张20美元的钞票问："谁要这20美元？"一只只手举了起来。

他接着说："我打算把这20美元送给你们当中的一位，在这之前，请准许我做一件事。"他说着将钞票揉成一团，然后问："谁还要？"仍有人举起手来。他又说："那么，假如我这样做又会怎么样呢？"他把钞票扔到地上，又踏上一只脚，并且用脚碾它。而后，他拾起钞票，钞票已变得又脏又皱。"现在谁还要？"还是有人举起手来。

"朋友们，你们已经上了一堂很有意义的课。无论我如何对待那张钞票，你们还是想要它，因为它并没贬值，它依旧值20美元。"

在人生路上，我们又何尝不是那"20美元"呢？无论我们遇到多少艰难困苦或是受挫多少次，我们其实还是我们自己，并不会因为一次失败而失去固有的实力和价值，也并不会因为身陷挫折而贬值。

就算你的人生再糟糕，你的价值也没有被任何人夺走。要相信自己，从头再来，一步一个脚印地走好每一步。

人们从每次错误中可以学习到很多东西，并调整自己的路线，重新回到正确的道路上。错误和失败是不可避免的，甚至是必要的：它们是行动的证明——表明你正在做着事情。

西奥多·罗斯福说："最好的事情是敢于尝试所有可能的事，

经历了一次次的失败后赢得荣誉和胜利。这远比与那些可怜的人们为伍好得多，那些人既没有享受过多少成功的喜悦，也没有体验过失败的痛苦，因为他们的生活暗淡无光，不知道什么是胜利，什么是失败。"

在这个世界上，有阳光，就必定有乌云；有晴天，就必定有风雨。从乌云中解脱出来的阳光比以前更加灿烂，经历过风雨洗礼的天空才能更加湛蓝。人们都希望自己的生活如丝顺滑、如水平静，可是命运却给予人们那么多波折坎坷。此时我们要知道，困难和坎坷只不过是人生的馈赠，它能使我们的思想更清醒、更深刻、更成熟、更完美。

所以，不要害怕失败，在失败面前只有永不言弃者才能傲然面对一切，才能最终取得成功。其实，失败不过是从头再来。

第八章

DI BA ZHANG

还原本我，
不要被群体
认同所左右

## 在模式化的人生里，做真正的自己

一个真正懂得与时代共舞的人，绝不会因场合或对象的变化，而放弃自己的内在特质，盲目地去迎合别人。你要作为你自己出现，而不是为了别的什么。我们时常发现一些人，他们总觉得自己不如别人，于是随着环境、对象的变化而不断改变自己，结果弄得面目全非。

保持一个真实的自我并不等于要标新立异，甚至明明知道自己错了，或具有某种不良习惯而固执不改。保持真我，是保持自己区别于他人的独特、健康的个性。这种人是真正具有自信心的人。

那些具有个性的人，当然更具备无穷的魅力。他们无论在何种情况下，都会保持一个真实的自我，并会恰到好处地表现自己独有的一切，包括声调、手势、语言等。因此，充满自信地在他人面前展现一个真实的自我吧，不必为讨好他人而刻意改变自己，尽力成就真实的自我，用你的坦诚赢得他人的坦诚，以自信的步伐行进在人生的路上。

只有那些没有自信心的人，才会无原则地迎合他人。"如何保持自己的本色，这一问题像历史一样古老，"詹姆斯·季尔基博士说，"也像人生一样的普遍。"不愿意保持自己的本色，包含了许多精神、心理方面潜在的原因。安古尔·派克在儿童教育领域曾经写过数本书和数以千计的文章。他认为："没有比总想模仿其他人，或者做除自己愿望以外的其他事情的人更痛苦的了。"

这种渴望做与自己迥然相异的人的想法，在好莱坞女性中尤其流行。山姆·伍德是好莱坞最知名的导演之一。他说当他在启发一些年轻女演员时，所遭遇到的最令人头痛的问题，是如何让她们保持本色。她们都愿意做二流的凯瑟琳·赫本。"这些套路的演技观众们已经无法容忍了，"山姆·伍德不断地对她们说，"你们更需要塑造出自己新的东西。"

美国素凡石油公司人事部主任保罗曾经与6万多个求职者面谈过，并且曾出版过一本名为《求职的六种方法》。他说："求职者最容易犯的错误就是不能保持本色，不以自己的本来面目示人。他们不能完全坦诚地对人，而是给出一些自以为你想要的回答。"可是，这种做法毫无裨益，没有人愿意聘请一个伪君子，就像没有人愿意收假钞票一样。

著名心理学家玛丽曾谈到那些从未发现自己的人。在她看来，普通人仅仅发挥了自己10%的潜能。她写道："与我们可以达到的程度相比，我们只能算是活了一半，对我们身心两方面的能力来说，我们只使用了很小一部分。也就是说，人只活在自己体内有限空间的一小部分里，人具有各种各样的能力，却不懂得如何去加以利用。"

你我都有这样的潜力，因此不该再浪费任何一秒钟。你是这个世界上一个全新的东西，以前从未有过，从开天辟地一直到今天，没有任何人和你完全一样，也绝不可能再有一个人完完全全和你一样。遗传学揭示了这样一个秘密，你之所以成为你，是你父亲的 24 个染色体和你母亲的 24 个染色体在一起相互作用的结果，24 对染色体加在一起决定你的遗传基因。"每一个染色体里，"据研究遗传学的教授说，"可能有几十个到几百个遗传因子——在某些情况下，一个遗传因子都能改变一个人的一生。"毫无疑问，我们就是这样"既可怕又奇妙地"被创造出来的。

也许你的母亲和父亲注定相遇并且结婚，但是生下孩子正好是你的机会，也是 30 亿分之一。也就是即使你有 30 亿个兄弟姐妹，他们也可能与你完全不同。这是推测吗？不是，这是科学事实。

你应该为自己是这个世界上全新的个体而庆幸，应该充分利用自然赋予你的一切。从某种意义上说，所有的艺术都带有一些自传体性质。你只能唱自己的歌；只能画自己的画；只能做一个由自己的经验、环境和家庭所造成的你。无论好坏，都得自己创造一个属于自己的小花园；无论好坏，都得在属于你生命的交响乐中演奏自己的小乐器。

千万不要模仿他人。让我们找回自己，保持本色。


## 不做盲从的呆瓜

盲从是一种很普遍的社会现象。盲从的人误以为："看我多机灵，不落后于他人，别人刚这么做，我也这么做了。"盲从的人失去了原则，往往给自己带来损失或伤害。而要想在生活中、事业上有所成就，就必须摆脱盲从众人的不良习惯，善于用自己的头脑思考问题，做出正确的人生选择。

跟风、随大流是人类的"通病"和习惯，是思维懒汉的"专利"，是我们内心中难以觉察到的消极幽灵。许多人总认为多数人这样做了就一定有道理，自己何必多加考虑，随大流就是了。甚至，有时从众的习惯明显存在严重缺陷，可人们仍不愿批评它，依然盲目跟随，从而导致无谓的悲哀和失败。盲从是一种被动的寻求平衡的适应，是在虚荣之风裹挟下的随大流。它源于从众，出于无奈，又有不得已而为之的意味。

每年高考报志愿时，大家都会看到这样的场面：莘莘学子拿着报考志愿表，在选择填报哪个学校与专业时却表现得束手无策。大家纷纷想寻找"热门"专业，同时对自己能否考上也心存怀疑，所以难免会发出询问："老师，他们都填报了计算机系，你看我是不是这块料？"

在犹豫和怀疑之后，许多优秀学生最终都选择了大家趋之若鹜的"热门专业"。然而，到大学临近毕业时，他们才发现这些"热门行业"其实并不好就业。

这种现象，是在职业选择上的典型的从众心理。此类错误普遍存在，说明很多人并没有意识到社会需求的一条客观规律：物以稀为贵。

一旦千军万马都去挤一座独木桥，那么就会使桥坍塌的可能性大大增加。相反，如果你能独具慧眼，另辟蹊径，见人之所未见，则往往更能适合社会的需要，也就更容易在社会上生存并取得成功。

生活中，很多人都有跟风、从众的心理特点和行为取向。

前些年的流行事物中最令人惊讶的是人们对于山地自行车的青睐。该车型适宜爬山坡和崎岖不平的路面，对于平坦的都市马路毫无用处。山地车骨架异常坚实沉重，车把僵硬别扭，转向笨拙迟缓，根本无法对都市复杂的交通做出灵巧的应变。一天折腾下来，腰酸背痛，加上尖锐刺耳的刹车声，真是一个中看不中用的东西。放着好端端的轻便车不骑，却要弄上一辆如此蠢拙之物，好像一个人丢下良马，偏要骑笨牛一样。时髦先生们头戴耳机，腰挎"随身听"，脚踩山地车，一身牛仔服，表面上自我感觉良好得一塌糊涂，然而，这份潇洒的背后，却有许多无奈。

若把时髦比喻成一座令人心摇旌荡的山峰，山地车的功能便昭然若揭了。追赶时尚，大约就像骑那山地车一样，即便累个半死，也是心甘情愿。究其根源："为什么这样？"必答曰："别人都这样！"

盲从的人误以为："看我多机灵，不落后于他人，别人刚这么做，我就也这么做了。"盲从的人失去了原则，往往给自己带来损失或伤害。而要想在生活中、事业上有所成就，就必须摆脱盲从众人的不良习惯，善于用自己的头脑思考问题，做出正确的人生选择。

## 不要让别人拿走你的潜能

拥有潜能，你要保护自己的潜能，再充分发挥潜能，才会有成功的机会。

在生活中，很多人都拥有优于其他人的潜能，但是，这些人却不会保护自己的潜能，导致许多人最后终其一生都没将潜能发挥出来，平庸度日。

要想成功，一个人必须注意不要让别人拿走你的潜能。

在遥远的国度里，住着一窝奇特的蚂蚁，它们有预知风雨的能力。而最近蚂蚁们清楚地知道，有巨大的暴风雨正逐渐逼近，整窝蚂蚁全部动员，往高处搬家。

这窝蚂蚁之所以奇特，不在于它们预知气候的能力，许多其他动物也具备这样的天赋。它们的特别之处是整窝蚂蚁都只有五只脚，并不像一般蚂蚁长有六只脚。

由于它们只有五只脚，行动也就没有一般蚂蚁快捷，整个搬家的行动缓慢。虽然面对暴风雨来袭的沉重压力，每只蚂蚁心中都焦急不堪，行动却半点也快不了。

在漫长的搬家队伍中，有一只蚂蚁与众不同，它的行动快速，不停地往返高地与蚁窝之间，来回一趟又一趟，仿佛不知劳累，辛苦地尽力抢搬蚁窝中的东西。

这只勤快的蚂蚁引起了五脚蚂蚁群的注意，它们仔细观察它的动作，终于找出这只蚂蚁动作如此敏捷的关键，它有六只脚！

五脚蚂蚁的搬家队伍整个暂停下来，它们聚在一起，窃窃私语，讨论这只与它们长得不同，行动却快过它们数倍的六脚蚂蚁。

经过冗长的讨论后，五脚蚂蚁们终于达成共识。它们扑上前去，抓住那只六脚蚂蚁，一阵撕咬过后，将它那多出来的一只脚扯了下来。

行动迅速的那只蚂蚁被扯去一只脚，也变成了平凡的五脚蚂蚁，在搬家的行列中，迟缓地跟随大家移动。

五脚蚂蚁们很高兴它们能除去一个异类，增加一个同伴，这时，雷声已在不远处隆隆地响起。

常常在我们接触到一个新的机会、有了一个好的创意，或是工作取得进步时，五脚蚂蚁群便会适时出现。他们会告诉你，你得到的机会是陷阱、你的好创意是行不通的，或是提醒你，工作勤奋不一定会有好的报偿。无所不用其极的目的，是想扯去你突然间多出来的一只脚。

尤其是当你正确地运用出你的潜能时，周围类似五脚蚂蚁般的消极意识更会增加，各式各样不可能的思想蜂拥而至，企图要你放弃他们所不懂的潜能，让你成为平庸的人。

在这个时候，你一定要很好地把握自己，用你自己的独立思想，来保护自己多出来的那只"脚"。坚持你自己的想法，珍惜自己得到的机会，发挥自己独特的创意，更加勤奋地工作，加倍地发挥你自己最大的潜能。这样你才能在未来获得成功。


## 阻止他人的语言和行为进入你的内心

在这个世界上，没有任何一个人可以让所有人都满意。跟着他人的眼光来去的人，会逐渐暗淡自己的光彩。西莉亚自幼学习艺术体操，她身段匀称灵活。可是很不幸，一次意外事故导致她下肢严重受伤，一条腿留下后遗症，走路有一点跛。为此，她十分沮丧，甚至不敢走上街去。作为一种逃避，西莉亚搬到了约克郡乡下。

一天，小镇上的雷诺兹老师领着一个女孩来向西莉亚学跳苏格兰舞。在他们诚恳的请求下，西莉亚勉为其难地答应了。为了不让他们察觉自己残疾的腿，西莉亚特意提早坐在一把藤椅上。可那个女孩偏偏天生笨拙，连起码的乐感和节奏感都没有。当那个女孩再一次跳错时，西莉亚不由自主地站起来给对方示范。西莉亚一转身，便敏感地看见那个女孩正盯着自己的腿，一副惊讶的神情。她忽然意识到，自己一直刻意掩盖的残疾在刚才的瞬间已暴露无遗。这时，一种自卑让她无端地恼怒起来，对那个女孩说了一些难听的话。西莉亚的行为伤害了女孩的自尊心，女孩难过地跑开了。

事后，西莉亚深感歉疚。过了两天，西莉亚亲自来到学校，和雷诺兹老师一起等候那个女孩。西莉亚对那个女孩说："如果把你训练成一名专业舞者恐怕不容易，但我保证，你一定会成为一个不错的领舞者。"这一次，他们就在学校操场上跳，有不少学生好奇地围观。那个女孩笨手笨脚的舞姿不时招来同学的嘲笑，她满脸通红，不断犯错，每跳一步，都如芒刺在背。西莉亚看在眼里，深深理解那种无奈的自卑感。她走过去，轻声对那个女孩说："假如一个舞者只盯着自己的脚，就无法享受跳舞的快乐，而且别人也会跟着注意你的脚，发现你的错误。现在你抬起头，面带微笑地跳完这支舞曲，别管步伐是不是错。"

说完，西莉亚和那个女孩面对面站好，朝雷诺兹老师示意了一下。悠扬的手风琴音乐响起，她们踏着拍子，欢快起舞。其实那个女孩的步伐还有些错误，而且动作不是很和谐。但意外的效果出现了——那些旁观的学生被她们脸上的微笑所感染，而不再关注舞蹈细节上的错误。后来，有越来越多的学生情不自禁地加入到舞蹈中。大家尽情地跳啊跳啊，直到太阳下山。生活在别人的眼光里，就会找不到自己的路。其实，每个人的眼光都有不同。面对不同的几何图形，有人看出了圆的光滑无棱，有人看出了三角形的直线组成，有人看出了半圆的方圆兼济，有人看出了不对称图形特有的美……同是一个甜麦圈，悲观者看见一个空洞，乐观者却品尝到它的味道。同是交战赤壁，苏轼高歌"雄姿英发,羽扇纶巾,谈笑间樯橹灰飞烟灭";杜牧却低吟"东风不与周郎便,铜雀春深锁二乔"。同是"谁解其中味"的《红楼梦》,有人听到了封建制度的丧钟,有人看见了宝黛的深情,有人悟到了曹雪芹的用心良苦,也有人只津津乐道于故事本身……

人生是一个多棱镜,总是以它变幻莫测的每一面反照生活中的每一个人。不必介意别人的流言蜚语,不必担心自我思维的偏差,坚信自己的眼睛、坚信自己的判断、执着自我的感悟,用敏锐的视线去审视这个世界,用心去聆听、抚摸这个多彩的人生,给自己一个富有个性的回答。

## 自己的人生无须浪费在别人的标准中

童话里的红舞鞋,漂亮、妖艳而充满诱惑,一旦穿上,便再也脱不下来。我们疯狂地转动舞步,一刻也停不下来,尽管内心充满疲惫和厌倦,脸上还得挂出幸福的微笑。当我们在众人的喝彩声中终于以一个优美的姿势为人生画上句号时,才发觉这一路的风光和掌声,带来的竟然只是说不出的空虚和疲惫。

人生来时双手空空,却要让其双拳紧握;而等到人死去时,却要让其双手摊开,偏不让其带走财富和名声……明白了这个道理，人就会对许多东西看淡。幸福的生活完全取决于自己内心的简约而不在于你拥有多少外在的财富。18世纪法国有个哲学家叫戴维斯。有一天，朋友送他一件质地精良、做工考究、图案高雅的酒红色睡袍，戴维斯非常喜欢。可他穿着华贵的睡袍在家里蹀来蹀去，越蹀越觉得家具不是破旧不堪，就是风格不对，地毯的针脚也粗得吓人。慢慢地，旧物件挨个儿更新，书房终于跟上了睡袍的档次。戴维斯穿着睡袍坐在帝王气十足的书房里，可他却觉得很不舒服，因为"自己居然被一件睡袍胁迫了"。戴维斯被一件睡袍胁迫了，生活中的大多数人则是被过多的物质和外在的成功胁迫着。很多情况下，我们受内心深处支配欲和征服欲的驱使，自尊和虚荣不断膨胀，着了魔一般去同别人攀比，谁买了一双名牌皮鞋，谁添置了一套高档音响，谁交了一位漂亮女友，这些都会触动我们敏感的神经。一番折腾下来，尽管钱赚了不少，也终于博得"别人"羡慕的眼光，但除了在公众场合拥有一两点流光溢彩的光鲜和热闹以外，我们过得其实并没有别人想象得那么好。

男人爱车，女人爱听别人说自己的好。一定意义上来说，人都是爱慕虚荣的，不管自己究竟幸福不幸福，常常为了让别人觉得很幸福就很满足。人往往忽视了自己内心真正想要的是什么，而是常常被外在的事情所左右，别人的生活实际上与你无关，不论别人幸福与否都与你无关，而你错误地将自己的幸福建立在与别人比较的基础之上，或者建立在了别人的眼光中。幸福不是别人说出来的，而是自己感受的，人活着不是为别人，更多的是为自己而活。

《左邻右舍》中提到这样一个故事：说是男主人公的老婆看到邻居小马家卖了旧房子在闹市区买了新房，他的老婆就眼红了，非要也在闹市选房子，并且偏偏要和小马住同一栋楼，而且要一定选比小马家房子大的那套。当邻居问起的时候，她会很自豪地说："不大，一百多平方米，只比304室小马家大那么一点！"气得小马老婆灰头土脸的。过了几天，小马的老婆开始逼小马和她一起减肥，说是减肥之后，他们家的房子实际面积一定不会比男主人公家的小，男主人公又开始担心自己的老婆知道后会不会让他们一起减肥！这个故事自己看起来虽然很好笑，但是却时常在我们的生活中发生，人将自己生活沉浸在了一个不断与人比较的困境中，被自己生活之外的东西所左右，岂不是很可悲？

一个人活在别人的标准和眼光之中是一种痛苦，更是一种悲哀。人生本就短暂，真正属于自己的快乐更是不多，为什么不能为了自己而完完全全、真真实实地活一次？为什么不能让自己脱离总是建立在别人基础上的参照系？如果我们把追求外在的成功或者"过得比别人好"作为人生的终极目标的时候，就会陷入物质欲望为我们设下的圈套而不能自拔。

## 别为迎合别人而改变自己

古语说，"以铜为镜，可以正衣冠；以人为镜，可以明得失"。意思是说，每个人都是一面镜子，我们可以从别人身上发现自己，认识自己。然而，如果一个人总是拿别人当镜子，那么那个真实的自我就会逐渐迷失，难以发现自己的独特之处。

有这样一则寓言：有两只猫在屋顶上玩耍。一不小心，一只猫抱着另一只猫掉到了烟囱里。当两只猫同时从烟囱里爬出来的时候，一只猫的脸上沾满了黑烟，而另一只猫脸上却是干干净净。干净的猫看到满脸黑灰的猫，以为自己的脸也又脏又丑，便快步跑到河边，使劲地洗脸；而满脸黑灰的猫看见干净的猫，以为自己也是干干净净，就大摇大摆地走到街上，出尽洋相。故事中的那两只猫实在可笑。它们都把对方的形象当成了自己的模样，其结果是无端的紧张和可笑的出丑。它们的可笑在于没有认真地观察自己是否弄脏，而是急着看对方，把对方当成了自己的镜子。同样道理，不论是自满的人抑或自卑的人，他们的问题都在于没有了解自己，形成对自身的清晰而准确的认识。

每个人都有自己生活方式与态度，都有自己的评价标准，女人可以参照别人的方式、方法、态度来确定自己采取的行动，但千万不能总拿别人当镜子。总拿别人做镜子，傻子会以为自己是天才，天才也许会把自己照成傻瓜。胡皮·戈德堡成长于环境复杂的纽约市切尔西劳工区。当时正是"嬉皮士"时代，她经常模仿着流行，身穿大喇叭裤，头顶阿福柔犬蓬蓬头，脸上涂满五颜六色的彩妆。为此，常遭到住家附近人们的批评和议论。

一天晚上，胡皮·戈德堡跟邻居友人约好一起去看电影。时间到了，她依然身穿扯烂的吊带裤，一件绑染衬衫，还有那一头阿福柔犬蓬蓬头。当她出现在她朋友面前时，朋友看了她一眼，然后说："你应该换一套衣服。"

"为什么？"她很困惑。

"你扮成这个样子，我才不要跟你出门。"

她怔住了："要换你换。"

于是朋友转身就走了。

当她跟朋友说话时，她的母亲正好站在一旁。朋友走后，母亲走向她，对她说："你可以去换一套衣服，然后变得跟其他人一样。但你如果不想这么做，而且坚强到可以承受外界嘲笑，那就坚持你的想法。不过，你必须知道，你会因此引来批评，你的情况会很糟糕，因为与大众不同本来就不容易。"

胡皮·戈德堡受到极大震撼。她忽然明白，当自己探索一条可以说是"另类"存在方式时，没有人会给予鼓励和支持，哪怕只是一种理解。当她的朋友说"你得去换一套衣服"时，她的确陷入两难抉择：倘若今天为了朋友换衣服，日后还得为多少人换多少次衣服？她明白母亲已经看出她的决心，看出了女儿在向这类强大的同化压力说"不"，看出了女儿不愿为别人改变自己。人们总喜欢评判一个人的外形，却不重视其内在。要想成为一个独立的个体，就要坚强到能承受这些批评。胡皮·戈德堡她的母亲的确是位伟大的母亲，她懂得告诉她的孩子一个处世的根本道理——拒绝改变并没有错，但是拒绝与大众一致也是一条漫长的路。

胡皮·戈德堡这一生始终都未摆脱"与众一致"的议题。她主演的《修女也疯狂》是一部经典影片，而其扮演的修女就是一个很另类的形象。当她成名后，也总听到人们说："她在这些场合为什么不穿高跟鞋，反而要穿红黄相间的快跑运动鞋？她为什么不穿洋装？她为什么跟我们不一样？"可是到头来，人们最终还是接受了她的影响，学着她的样子绑黑人细辫子头，因为她是那么与众不同，那么魅力四射。

## 走自己的路，让别人说去吧

哲人们常把人生比作路。是路，就注定有崎岖不平。1929 年，美国芝加哥发生了一件震动全国教育界的大事。

几年前，一个年轻人半工半读地从耶鲁大学毕业。曾做过作家、伐木工人、家庭教师和卖成衣的售货员。现在，只经过了八年，他就被任命为全美国第四大名校——芝加哥大学的校长，他就是罗勃·郝金斯。他只有 30 岁，真叫人难以置信。

人们对他的批评就像山崩落石一样一齐打在这位"神童"的头上，说他这样，说他那样——太年轻了、经验不够——说他的教育观念很不成熟，甚至各大报纸也参加了攻击。

在罗勃·郝金斯就任的那一天，有一个朋友对他的父亲说："今天早上，我看见报上的社论攻击你的儿子，真把我吓坏了。"

"不错，"郝金斯的父亲回答说，"话说得很凶。可是请记住，从来没有人会踢一只死狗。"确实如此，越勇猛的狗，人们踢起来就越有成就感。

曾有一个美国人，被人骂作"伪君子""骗子""比谋杀犯好不了多少"……你猜是谁？一幅刊在报纸上的漫画把他画成伏在断头台上，一把大刀正要切下他的脑袋，街上的人群都在嘘他。他是谁？他是乔治·华盛顿。

耶鲁大学的前校长德怀特曾说："如果此人当选美国总统，我们的国家将会合法卖淫，行为可鄙，是非不分，不再敬天爱人。"听起来这似乎是在骂希特勒吧？可是他谩骂的对象竟是杰弗逊总统，就是撰写《独立宣言》、被赞美为民主先驱的杰弗逊总统。

可见，没有谁的路永远是一马平川的。为他人所左右而失去自己方向的人，他将无法抵达属于自己的幸福所在。

真正成功的人生，不在于成就的大小，而在于是否努力地去实现自我，喊出属于自己的声音，走出属于自己的道路。一名中文系的学生苦心撰写了一篇小说，请作家批评。因为作家正患眼疾，学生便将作品读给作家。读到最后一个字，学生停顿下来。作家问道："结束了吗？"听语气似乎意犹未尽，渴望下文。这一追问，煽起学生的激情，立刻灵感喷发，马上接续道："没有啊，下部分更精彩。"他以自己都难以置信的构思叙述下去。

到达一个段落，作家又似乎难以割舍地问："结束了吗？"

小说一定摄魂勾魄，叫人欲罢不能！学生更兴奋，更激昂，更富于创作激情。他不可遏止地一而再再而三地接续、接续……最后，电话铃声骤然响起，打断了学生的思绪。

电话找作家，急事。作家匆匆准备出门。"那么，没读完的小说呢？""其实你的小说早该收笔，在我第一次询问你是否结束的时候，就应该结束。何必画蛇添足、狗尾续貂？该停则止，看来，你还没把握情节脉络，尤其是，缺少决断。决断是当作家的根本，否则绵延逶迤，拖泥带水，如何打动读者？"

学生追悔莫及，自认性格过于受外界左右，作品难以把握，恐不是当作家的料。

很久以后，这名年轻人遇到另一位作家，羞愧地谈及往事，谁知作家惊呼："你的反应如此迅捷、思维如此敏锐、编造故事的能力如此强盛，这些正是成为作家的天赋呀！假如正确运用，作品一定脱颖而出。""横看成岭侧成峰，远近高低各不同。"凡事绝难有统一定论，谁的"意见"都可以参考，但永不可代替自己的"主见"，不要被他人的论断束缚了自己前进的步伐。追随你的热情、你的心灵，它将带你实现梦想。

遇事没有主见的人，就像墙头草，东风东倒，西风西倒，没有自己的原则和立场，不知道自己能干什么，会干什么，自然与成功无缘。

走自己的路，让别人去说吧。

# 第九章

积蓄正能量，唤醒内心强大的力量

## 在低调中积蓄前行的力量

荀子说过："不积跬步，无以至千里；不积小流，无以成江海。骐骥一跃，不能十步；驽马十驾，功在不舍。锲而舍之，朽木不折；锲而不舍，金石可镂。"每天都努力，人生几十年坚持天天如此，量变必然引起质变，所积累的力量必定是不可估量的。低调人的坚持是世界上最伟大的力量，也正是这种力量让他们笑到了最后。北魏节闵帝元恭，是献文帝拓跋弘的侄子。孝明帝当政时，元义专权，肆行杀戮，元恭虽然担任常侍、给事黄门侍郎，却总担心有一天大祸临头，便索性装病不出来了。那时候，他一直住在龙华寺，和朝中任何人都不来往。他潜心研究经学，到处为善布施，就这样装哑巴装了将近十二年。

孝庄帝永安末年，有人告发他不能说话是假，心怀叵测是真，而且老百姓中间流传着他住的那个地方有天子之气。孝庄帝听说这个消息之后，就派人把他捉到了京师。在朝堂上，孝庄帝当面询问元恭有关民间传说之事，元恭依然装聋作哑，而且态度十分谦卑。最后，孝庄帝认定他根本不会有所作为，只不过想安享晚年而已，于是就又放了他。

到了北魏永安三年十月，尔朱兆立长广王元晔为帝，杀了孝庄帝。那时，坐镇洛阳的是尔朱世隆。他觉得元晔世系疏远，声望又不怎么高，便打算另立元恭为帝。更有知情人告诉他元恭只是装成哑巴，为的就是躲过仇人的追杀，如此胸襟和智慧非一般人所有。尔朱世隆于是暗访元恭，得知他常有善举，为人随和而且学识渊博，在当地深得人心。不久，元恭即位当了皇帝。人生多舛，世事艰难。那些成功者并不一定都拥有好运气，但是他们必定都是从逆境中拼搏而站起来的。这就是说，人生少不了逆境，少不了坎坷，少不了挫折。而成就往往就是在逆境中低调积聚力量的结果，只有那些不断磨炼自己的人才能取得成功，才能突破人生的逆境，忍受人生的挫折，走过人生的坎坷。

低调处世可以追求自己内心的境界，这何尝不是一种成功。他们并不一定有多大的野心，内心世界的升华也是一种境界。战国的庄子，东晋的陶渊明，他们能够舍弃繁华生活，追求一种内心的沉静和智慧，谁又能说他们不是成功呢？在当今这个物欲充斥的社会，这种从心底里寻求低调生活的人往往无欲则刚。

保持一种低调的姿态，不断积聚力量的人必定会是笑到最后的人。低调之人不会引人嫉妒，也不会引人非议。或者出于局势所迫，或者天性使然，懂得低调中积聚力量的人一定会有所作为。

## 因为隐忍所以强大

必有忍，乃有济。只有忍耐，才能躲避不利的局面，积极准备才能完善自己。这在古代通用，在现代同样适用。我们只有学会忍耐，忍耐艰苦的磨炼，才能有成大事的机会。如果你想成功，必须要先学会忍耐。

楚汉战争期间，刘邦屡败于项羽，最后兵困荥阳，处境危在旦夕。正在这时，刘邦的部下韩信在北线却捷报频传。

随着军事上的节节胜利，韩信的政治野心也逐渐膨胀起来。他派人面见刘邦，要求封自己为王。刘邦一听，便怒不可遏，当着信使的面斥责道："我久困于此，日夜盼望韩信前来相助，想不到他竟要自立为王。"

此时，张良正坐在刘邦身边，急忙附耳说道："汉军刚刚失利，大王有力量阻止韩信称王吗？不如顺水推舟答应他，使其自窃，否则将会产生意外之变。"

刘邦立即心领神会，话锋一转，反改口骂道："大丈夫要做就做个像样的王！"刘邦原本爱骂人，这一骂不足为怪，况且前后两语衔接不错，竟也没露出什么破绽。

不久，刘邦派张良作为专使，为韩信授印册封。

刘邦忍住了韩信成王给自己带来的恼怒，从而不动声色稳住了韩信，为汉军日后十面埋伏，击败项羽做了组织准备。试想，如果不能忍，当时就为此事与韩信闹翻，后果将不堪设想。以当时韩信的实力，独自称王、逐鹿中原也并非没有可能。

人生的道理大抵如此，如果你不能改变风，也不能改变这个世界和社会上的许多东西，就改变自己吧，学会给自己加重分量，这样你就可以适应变化，不被打败。同样，当你的实力很微弱时，暗中加重自己的分量，也显得极为重要。而这个加重自己分量的过程，就是忍耐的过程。

一个小男孩只有7岁，父亲派他去葡萄酒厂看守橡木桶。每天早上，他用抹布将一个个木桶擦拭干净，然后一排排整齐地摆放好。令他生气的是：往往一夜之间，风就把他排列整齐的木桶吹得东倒西歪。

小男孩很委屈地哭了。父亲摸着孩子的头说："孩子，别伤心，我们可以想办法去征服风。"小男孩擦干了眼泪，坐在木桶边想啊想啊，风为什么把木桶刮倒呢？也许是重量不够吧。想了半天，他终于想出了一个办法，小男孩去井边挑来一桶一桶的清水，然后把它们倒进那些空空的橡木桶里，然后他就忐忑不安地回家睡觉了。

第二天，天刚蒙蒙亮，小男孩就匆匆爬了起来，他跑到放桶的地方一看，那些橡木桶一个个排列得整整齐齐，没有一个被风吹倒的，也没有一个被风吹歪的。小男孩高兴地笑了，他对父亲说："要想木桶不被风吹倒，就要加重木桶的重量。"男孩的父亲赞许地微笑了。

任何一个人，只有看清自己的分量，在一切可能的情况下，加重自己的分量，补充自己的实力，那么在未来激烈的竞争中，才有立于不败之地的实力。


## 抱怨不如改变，生气不如争气

抱怨就像思维的一种慢性毒药，在我们的大脑中毒的同时，我们的人生态度、行动都会被"抱怨"这种强烈的病毒感染。在抱怨的生活中，我们的意志不断受到消磨，就像可以"溃堤"的蚂蚁一样，精神之堤瞬间被生活的洪水化为乌有。

我们就像陷入了抱怨的泥潭，无法自拔……在抱怨中找不到灵魂的出路，囿于抱怨的牢房，不知道如何走出抱怨的世界，给自己一个完美的世界。

葡萄牙作家费尔南多·佩索阿说："真正的景观是我们自己创造的，因为我们是它们的上帝。我对世界七大洲的任何地方既没有兴趣，也没有真正去看过。我游历我自己的第八大洲。"就像费尔南多·佩索阿说的那样，在生活中，我们才是自己的上帝，我们在创造自己的完美世界。

抱怨还是一种消极的行为方式，因为抱怨表达的是消极信息：挑剔、不满、埋怨、懊悔、烦恼、愤怒，等等，人在抱怨之后并不是轻松了，而是更生气了，而且不仅自己生气，周围的人也跟着不高兴。心理学研究表明，消极情绪会造成免疫力下降，时间长了就容易生病。相反，积极情绪会提高人的免疫力。消极情绪就像黑暗，而积极情绪才是阳光。

抱怨是最消耗能量的无益举动。有时候，我们不仅会针对人，也会针对不同的生活情境表示不满；如果找不到人倾听我们的抱怨，我们还会在脑海里抱怨给自己听。神奇"不抱怨"运动，来得恰是时候，正是我们现代人最需要的。我们可以这样看，天下只有三种事：我的事，他的事，老天的事。抱怨自己的人，应该试着学习接纳自己；抱怨他人的人，应该试着把抱怨转成请求；抱怨老天的人，请试着用祈祷的方式来诉求你的愿望。这样一来，你的生活会有想象不到的大转变，你的人生也会更加的美好、圆满。

不抱怨是一种智慧，因为你会发现，只有我们才是拯救自己的上帝。远离抱怨的世界，我们才能在自己生活的原点改变自我，发现一个全新的自己，从而改变自己的命运，收获成功的喜悦和幸福的生活。

## 管住自己才能内心强大

一个人能够自我控制的秘密源于他的思想。我们经常在头脑中贮存的东西会渐渐地渗透到我们的生活中去。如果我们是自己思想的主人，如果我们可以控制自己的思维、情绪和心态，那么，我们就可以控制生活中可能出现的所有情况。

我们都知道，当沸腾的血液在我们狂热的大脑中奔涌时，控制自己的思想和言语是多么困难。但我们更清楚，让我们成为自己情绪的奴隶是多么危险和可悲。这不仅对工作与事业来说是非常有害的，而且还减少了效益，甚至还会对一个人的名誉和声望产生非常不利的影响。无法完全控制和主宰自己的人，命运不是掌握在他自己的手里。

有一个作家说："如果一个人能够对任何可能出现的危险情况都进行镇定自若的思考，那么，他就可以非常熟练地从中摆脱出来，化险为夷。而当一个人处在巨大的压力之下时，他通常无法获得这种镇定自若的思考力量。要获得这种力量，需要在生命中的每时每刻，对自己的个性特征进行持续的研究，并对自我控制进行持续的练习。而在这些紧急的时刻，有没有人能够完全控制自己，在某种程度上决定了一场灾难以后的发展方向。有时，也是在一场灾难中，这个可以完全控制自己的人，常常被要求去控制那些不能自我控制的人，因为那些人由于精神系统的瘫痪而暂时失去了做出正确决策的能力。"

看到一个人因为恐惧、愤怒或其他原因而丧失自我控制力时，这是非常悲惨的一幕。而某些重要事情会让他意识到，彻彻底底地成为自己的主人，牢牢地控制自己的命运是多么的必要。

想想看有这样一个人，他总是经常表露自己的想法——要成为宇宙中所有力量的主人，而实际上他却最终给微不足道的力量让了路！想想看他正准备从理性的王座上走下来，并暂时地承认自己算不上一个真正的人，承认自己对控制自己行为的无能，并让他自己表现出一些卑微和低下的特征，去说一些粗暴和不公正的话。

由于缺少自制美德的修炼，我们许多成年人还没有学会去避免那伤人的粗暴脾气和锋利逼人的言辞。

不能控制自己的人就像一个没有罗盘的水手，他处在任何一阵突然刮起的狂风的左右之下。每一次激情澎湃的风暴，每一种不负责任的思想，都可以把他推到这里或那里，使他偏离原先的轨道，并使他无法达到期望中的目标。

自我控制的能力是高贵品格的主要特征之一。能镇定且平静地注视一个人的眼睛，甚至在极端恼怒的情况下也不会有一丁点儿的脾气，这会让人产生一种其他东西所无法给予的力量。

人们会感觉到，你总是自己的主人，你随时随地都能控制自己的思想和行动，这会给你品格的全面塑造带来一种尊严感和力量感，这种东西有助于品格的全面完善，而这是其他任何事物所做不到的。

这种做自己主人的思想总是很积极的。而那些只有在自己乐意这样做，或对某件事特别感兴趣时才能控制思想的人，永远不会获得任何大的成就。那种真正的成功者，应该在所有时刻都能让他的思维来服从他的意志力。这样的人，才是自己情绪的真正主人；这样的人，他已经形成了强大的精神力量，他的思维在压力最大的时候恰恰处于最巅峰的状态；这样的人，才是造物主所创造出来的理想人物，是人群中的领导者。

## 厚积薄发，积储成功的要素

有一个年轻画家，由于功夫不够，生性又草率，画出来的画总是很难卖出去。他看到大画家拉斐尔的画很受欢迎，便登门求教。

他问拉斐尔："我画一幅画往往只用一天不到的时间，可为什么卖掉它却要等上整整一年？"拉斐尔沉思了一下，对他说：

世界如此复杂 你要内心强大
*Shijie Ruci Fuza Ni Yao Neixin Qiangda*

"请倒过来试试。"青年不解地问："倒过来？怎么倒过来？"拉斐尔说："对，倒过来！要是你花一年的功夫去画一幅画，那么，只要一天工夫就能卖掉它。"

"一年才画一幅，那多慢啊！"年轻人惊讶地叫出声来。拉斐尔严肃地说："对！创作是艰巨的劳动，没有捷径可走，试试吧，年轻人！"

年轻人接受了拉斐尔的忠告，回去后苦练基本功，深入生活搜集素材，缜密构思，用了近一年的时间画了一幅画。果然，不到一天的工夫画就卖掉了。

很多人总是急于求成，被一时的近利所迷惑，就像那个年轻人一样。但大凡成功者，绝不是喊几句"我要成功"之类的口号就能轻易实现目标的。冰心说："成功之花，人们只惊羡于它现时的明艳，然而当初它的芽儿，浇灌了奋斗的泪泉，撒遍了牺牲的血雨。"

成功是要讲究储备的，人生储备越充足，成功的机会就越大，也才可能走得更远。成功的道路，往往是漫长而遥远的。我们如果没有足够的储备，只会在途中让自己的理想夭折。只有积蓄了足够的储备，我们才能在路上随取随用，供给不断发展的需求。

很多时候，我们认为自己有很多优势，却总是"大材小用"，其实，只要把心态归零，就会发现自己有很多不足，需要在脚下"多垫些砖"。

大文豪苏东坡曾经说过："博观而约取，厚积而薄发。"积之于厚，发之于薄。厚积薄发，从低处着眼，积蓄力量，逆风飞扬。积蓄能量，仔细思考前进的方向，选择清楚目标。只有积累了足够的成功要素，才能拥有不竭的成功储备，为自己的成功之路铺垫基石。

世界如此复杂 你要内心强大
Shijie Ruci Fuza Ni Yao Neixin Qiangda

因为内心强大，所以无所畏惧